中国沿海水鸟重要栖息地

于秀波　石建斌　雷进宇　夏少霞　主编

科学出版社

北　京

内 容 简 介

本书首先介绍了中国沿海水鸟重要栖息地的评估方法，包括水鸟调查数据的获取、整理，以及水鸟重要栖息地的识别标准；其次确定了 132 块中国沿海水鸟重要栖息地，简要分析了每块栖息地的状况，包括保护现状、地区描述、重要水鸟物种名称；最后基于已有结果提出了中国沿海水鸟与栖息地保护的研究结论与建议。

本书可供从事湿地保护与管理的政府官员、管理人员、技术人员、科研人员，以及关注湿地与候鸟保护的社会公众阅读参考。

审图号：GS（2921）2379 号

图书在版编目（CIP）数据

中国沿海水鸟重要栖息地/于秀波等主编. —北京：科学出版社，2021.6
ISBN 978-7-03-068930-6

Ⅰ.①中… Ⅱ.①于… Ⅲ.①沿海–鸟类–野生动物–栖息地–中国
Ⅳ.① Q959.7

中国版本图书馆 CIP 数据核字（2021）第 104424 号

责任编辑：王海光　赵小林/责任校对：刘　芳
责任印制：肖　兴/封面设计：刘新新/扉页图片：王建民 摄

科 学 出 版 社 出版
北京东黄城根北街 16 号
邮政编码：100717
http://www.sciencep.com

北京九天鸿程印刷有限责任公司 印刷
科学出版社发行　各地新华书店经销

*

2021 年 6 月第 一 版　　开本：720×1000　1/16
2021 年 6 月第一次印刷　　印张：11 3/4
字数：237 000

定价：180.00 元
（如有印装质量问题，我社负责调换）

项目指导机构

国家林业和草原局湿地管理司

实施机构

保尔森基金会

中国科学院地理科学与资源研究所

资助机构及项目

中国科学院 A 类战略性先导科技专项"地球大数据科学 程"

内蒙古老牛慈善基金会

联合国开发计划署 - 全球环境基金（UNDP-GEF）黄海 海洋生态系项目

联合国粮食及农业组织 - 全球环境基金（FAO-GEF）江 西省湿地保护区

体系示范项目

指导委员会

主 任

鲍达明　　　　国家林业和草原局湿地管理司副司长

牛红卫　　　　保尔森基金会生态保护项目总监

委 员（按姓氏笔画排序）

于贵瑞　　　　中国科学院地理科学与资源研究所研究员、院士

兰科其　　　　内蒙古老牛慈善基金会项目经理

张正旺　　　　北京师范大学生命科学学院教授

　　　　　　　中国动物学会鸟类学分会副理事长

陈克林　　　　北京源河国际湿地文化交流中心主任

钟　嘉　　　　中国观鸟组织联合行动平台（朱雀会）发起人

钱法文　　　　全国鸟类环志中心常务副主任

姬文元　　　　国家林业和草原局湿地管理司副处长

梁兵宽　　　　国家林业和草原局调查规划设计院高级工程师

雷光春　　　　北京林业大学生态与自然保护学院教授

黎建辉　　　　中国科学院计算机网络信息中心研究员

Ian Davies　　美国康奈尔大学 eBird 数据库协调员

《中国沿海水鸟重要栖息地》编委会

主　编

于秀波　中国科学院地理科学与资源研究所研究员

石建斌　北京师范大学环境学院副教授、保尔森基金会顾问

雷进宇　中国观鸟组织联合行动平台（朱雀会）秘书长

夏少霞　中国科学院地理科学与资源研究所副研究员

编　委（按姓氏笔画排序）

干晓静　保尔森基金会（美国）北京代表处

王小宁　温州野鸟会

王希明　青岛市观鸟协会

王建民　天津市滨海新区疆北湿地保护中心

王新兴　中国科学院地理科学与资源研究所

卢　刚　海口畓榃湿地研究所

田延浩　浙江省野生动植物保护协会野鸟分会

田志伟　中华水鸟保护地（唐山）

白清泉　中国沿海水鸟同步调查组

刘　阳　中山大学

李　莉　中国科学院地理科学与资源研究所

李玉祥　盘锦市林业和湿地保护服务中心

肖晓波　广西生物多样性研究和保护协会（美境自然）

张高峰　深圳市观鸟协会

郑怀舟　福建师范大学

段后浪　中国科学院地理科学与资源研究所

贾亦飞　北京林业大学生态与自然保护学院

钱　程　浙江自然博物院

黄　秦　深圳市方向文化发展有限公司

章　麟　勺嘴鹬在中国

韩永祥　沿海水鸟同步调查组

滕佳昆　中国科学院地理科学与资源研究所

薛　琳　青岛市观鸟协会

序 一

沿海 11 省（自治区、直辖市）是我国重要的滨海湿地分布区，为 200 多种迁徙水鸟的繁育、越冬和中途停歇提供了关键栖息地，作为东亚 - 澳大利西亚候鸟迁徙路线（East Asian-Australasian Flyway，EAAF）的关键区域，在全球生物多样性的保护中具有极高的价值。

20 世纪 70 年代以来，随着沿海地区的高速发展，滩涂围垦和填海导致我国滨海湿地大面积消失，这是部分迁徙水鸟种群数量下降的重要原因。2014 ~ 2015 年，由中华人民共和国国际湿地公约履约办公室、保尔森基金会、内蒙古老牛慈善基金会、中国科学院地理科学与资源研究所共同实施的"中国滨海湿地保护管理战略研究"项目，确定了我国滨海湿地的保护空缺和亟待保护的水鸟栖息地，并提出了滨海湿地保护的管理战略和优先行动，对我国滨海湿地保护起到了重要的促进作用。

作为"中国滨海湿地保护管理战略研究"项目的后续行动，保尔森基金会、内蒙古老牛慈善基金会和中国科学院地理科学与资源研究所于 2018 年 6 月共同启动了"中国沿海水鸟及其栖息地数据库"项目，由于秀波研究员的团队负责实施。作为项目指导委员会委员之一，我参加了该项目的立项、实施和成果发布等重要活动。在 2020 年 6 月 5 日（世界环境日），该项目在线发布了"爱观鸟（iBirding）1.0 平台"系列成果，包括手机 APP、数据库网站、鸟类识别小程序、典型候鸟迁徙路线可视化系统，为中国沿海湿地水鸟的科学研究和保护管理提供了数据支撑。

我非常高兴地得知《中国沿海水鸟重要栖息地》即将出版，这是秀波团队承担的"中国沿海水鸟及其栖息地数据库"项目的核心成果。该成果整合了我国鸟类调查数据、观鸟网站公民科学数据、文献分析数据等 26 万余条水鸟数据，采用国际上通用的生物多样性定量评估方法，确定了 132 块中国沿海水鸟重要栖息地，并于 2021 年世界湿地日公开发布。

　　祝贺秀波团队取得新成果！我相信，《中国沿海水鸟重要栖息地》的出版发行，将有助于提高国内外对中国沿海水鸟及栖息地重要性的认识，有利于提升我国滨海湿地保护的有效性，并为东亚 - 澳大利西亚候鸟迁徙路线的水鸟保护及中国黄（渤）海候鸟栖息地二期申遗工作提供科学数据和决策支持。

　　中国大约有 300 种水鸟，在新修订的《国家重点野生动物保护名录》中，勺嘴鹬、青头潜鸭等多个物种首次被列入，这意味着我国在湿地水鸟保护方面仍然面临巨大挑战。我希望越来越多的观鸟爱好者和社会公众加入到滨海湿地与水鸟保护事业中来，为我国生物多样性保护和生态文明建设贡献力量。

北京师范大学教授

2021 年 5 月

序　二

　　四年前，我和我的先生汉克在江苏的条子泥潮间带滩涂上看到了成百上千只斑尾塍鹬和其他鸻鹬类水鸟，它们时而在泥滩上聚集觅食，时而在空中上下翻飞，这一壮观景象令我永生难忘。每年，这些神奇的水鸟都会沿着东亚 - 澳大利西亚候鸟迁徙路线往返迁徙两次，而条子泥和黄海地区的滨海湿地则是它们在长达数千英里^①的漫漫旅程中补充能量的重要"驿站"。

　　这些非凡奇特的"世界环游者"需要我们的帮助。在确保这些迁徙水鸟及其滨海湿地栖息地的健康存续方面，《中国沿海水鸟重要栖息地》的出版又迈出了重要一步。该书是六年前实施的"中国滨海湿地保护管理战略研究"项目，以及随后启动的"中国沿海水鸟及其栖息地数据库"项目（中国版 eBird 项目）的延续。《中国沿海水鸟重要栖息地》通过定量的方法，揭示了中国滨海湿地对包括数十种全球受胁水鸟在内的众多繁殖和迁徙水鸟的重要性，并鼓励观鸟爱好者成为公民科学家来帮助识别更多的水鸟重要栖息地，共同保护这些飞越众多国家的迁徙水鸟赖以生存的滨海湿地。这些研究项目的成果为决策者提供了重要的科学依据。不论是三年前中国政府严格管控围填海通知的出台，还是一些重要滨海湿地被成功列为世界自然遗产，都彰显了这些研究项目所发挥的重要作用。

　　湿地不仅对鸟类至关重要，还发挥着其他重要功能。例如，有效抵御海啸和飓风，为鱼类和贝类提供孵育场，净化水质，固碳增汇等。此外，健康的沿海湿地可以促进旅游业的发展。所有这些都会带来真正的经济效益，还能满足人们日益增长的对优美生态环境的需求。

---

① 1 英里 = 1609.344m

　　汉克和我非常珍惜与科学家、保护区人员和志愿者曾经共同度过的美好时光。我们一起在中国沿海滩涂观鸟，共同探讨包括滦南、条子泥、如东、东凌、闽江口等滨海湿地的保护。大家毫无保留地与我们分享他们的经验和专业知识，令我们感激不尽。更重要的是，他们多年来一直全心致力于收集相关数据，揭示了这些滨海湿地对繁殖和迁徙水鸟的重要性，对此我们也深表感谢。引导公众参与水鸟保护至关重要，该书的结论进一步彰显了这一重要性。最后，非常感谢项目团队编写该书，并衷心希望该书能为加强中国滨海生态系统及迁徙水鸟的保护发挥应有的作用。

温迪·保尔森（Wendy J. Paulson）

BoboLink 食米鸟基金会主席

保尔森基金会副主席

2021 年 5 月

Foreword II

Four years ago, on the coastal mudflats of Tiaozini, my husband Hank and I saw a spectacle I'll never forget: We watched hundreds, probably thousands, of Bar-tailed Godwits and other shorebirds alternately feeding and wheeling in large flocks above the flats. These amazing birds make epic migrations twice each year along what's known as the East Asian-Australasian Flyway. Sites like Tiaozini and others along the Yellow Sea are essential stopovers as they refuel on their journeys of thousands of miles.

These extraordinary world travelers need our help. This book *Key Waterbird Habitats in China's Coastal Areas* is another step toward ensuring the survival and health of the coastal wetlands they depend on. It follows the Blueprint of Coastal Wetland Conservation and Management in China that was developed six years ago and the subsequent launch of the China Coastal Waterbird & Habitat Database (China eBird). The book helps quantify just how critical China's coastal wetlands are for breeding and migrating birds, including dozens of species that are globally threatened, and encourages birdwatchers to act as citizen scientists in identifying more key areas for waterbirds in order to help protect those sites that are critical to species that span many countries. Together, these initiatives build a scientific basis for decision makers; the recent ban on coastal wetland reclamation and the move to inscribe the most important coastal wetlands as World Heritage Sites, demonstrate that such research make a difference.

The wetlands are important not just for birds. They play multiple vital functions. They act as buffers to tsunamis and hurricanes; they serve as nurseries for fish and shellfish; they cleanse water of pollutants; they act as a carbon sink. All those functions, plus the tourism that a healthy coast can encourage, add up to real economic value – and incalculable value to the quality of life on Earth.

Hank and I treasure our memories of the hours and days we've spent on China's coast watching shorebirds with scientists, reserve staff, and volunteers, and learning about remarkable coastal wetland sites like Luannan, Tiaozini, Rudong, Dongling, Minjiangkou, and others. We've been so grateful for the generosity of these people in sharing their experience and expertise, and we've been even more grateful for their years of dedication and data collection that have revealed the importance of these sites both to breeding and migrating birds. Engaging the general public in waterbird conservation is critical – and that importance is only reinforced by the conclusions of this book. I am deeply grateful to the project team for its publication and hope it contributes to further conservation of both these ecosystems and the remarkable birds that depend on them.

Wendy J. Paulson

Chairman, Bobolink Foundation

Vice Chairman, Paulson Institute

May 2021

内 容 提 要

中国沿海湿地是东亚 - 澳大利西亚候鸟迁徙路线上数百万只水鸟重要的繁殖、停歇地。围垦及外来物种入侵等原因而引发的栖息地严重退化与丧失导致区域内部分水鸟种群不断下降。理清沿海湿地关键的水鸟重要栖息地是有针对性地提出栖息地与物种保护对策的关键举措。

2018 年 6 月 27 日，保尔森基金会、中国科学院地理科学与资源研究所、内蒙古老牛慈善基金会在北京共同启动了"中国沿海水鸟及其栖息地数据库"项目。该项目由中国科学院 A 类战略性先导科技专项"地球大数据科学工程"、内蒙古老牛慈善基金会、联合国开发计划署 - 全球环境基金（UNDP-GEF）黄海大海洋生态系项目、联合国粮食及农业组织 - 全球环境基金（FAO-GEF）江西省湿地保护区体系示范项目等资助，由国家林业和草原局湿地管理司指导，由保尔森基金会负责组织实施，由中国科学院地理科学与资源研究所、空天信息创新研究院、软件研究所、计算机网络信息中心等联合执行。

作为该项目核心成果之一的《中国沿海水鸟重要栖息地》，基于项目前期搜集整合的鸟类调查报告、观鸟网站和相关国内外公开发表的文献中的中国沿海水鸟调查数据，通过科学的评估方法，确定了中国沿海 11 省（自治区、直辖市）滨海 132 块重要水鸟栖息地，可以为滨海湿地科学研究提供数据支持，也可以为制定有针对性的、有效的沿海水鸟保护对策提供支撑。

本研究的主要结论包括：确定了中国沿海 132 块水鸟重要栖息地，其中已受保护或部分受保护 77 块，尚有 55 块重要栖息地没有得到有效保护；132 块水鸟重要栖息地支撑着 25 种全球受胁水鸟，其中 14 种水鸟已受国家法律保护，11 种水鸟尚未得到有效保护。

　　本研究的主要建议包括：结合中国黄（渤）海候鸟栖息地申报世界自然遗产地契机，进一步弥补水鸟栖息地保护空缺；根据报告所确定的 132 块水鸟重要栖息地，结合目前正在开展的自然保护地优化整合，强化对现有滨海湿地自然保护地的优化整合工作；调动社会公众广泛参与水鸟栖息地保护，动员社会公众力量推动新增自然保护地的落地。

Summary

China's coastal wetlands provide key breeding and staging sites for millions of migratory waterbirds along the East Asian-Australasian Flyway (EAAF). Due to severe degradation and loss of coastal wetlands arising from land conversion and invasion of alien species, the waterbird populations have been declining. Therefore, identifying the key waterbird habitats is a key action to propose options for protecting waterbird species and their habitats.

On June 27, 2018, the Development of Waterbirds and Habitats Database of China's Coasts Project (the Project) was jointly launched by the Paulson Institute, the Institute of Geographic Sciences and Natural Resources Research (IGSNRR), Chinese Academy of Sciences, and the Lao Niu Foundation. The project, funded by Big Earth Data Science Engineering, a Strategic Priority Research Program of the Chinese Academy of Sciences; the Lao Niu Foundation; UNDP-GEF Yellow Sea Large Marine Ecosystem (YSLME) Project; and FAO-GEF CBPF-MSL: Piloting Provincial-level Wetland Protected Area System in Jiangxi Province, was supervised by the Department of Wetlands Management, National Forestry and Grassland Administration. The Paulson Institute was responsible for executing the project, while IGSNRR and several other institutes under Chinese Academy of Sciences such as Aerospace Information Research Institute, Institute of Software, and Computer Network Information Center worked together to develop the database and systems.

As one of the core outputs of the Project, *Key Habitats for China's Coastal Waterbirds* has identified 132 key habitats for waterbirds along 11 China's coastal provinces, autonomous regions and municipalities using science-based assessment methodology, based on data collected from reports of China's coastal waterbird surveys, bird-watching websites, and officially published English and Chinese literatures. The report provides data support for scientific research on wetlands and practical options for conserving coastal waterbirds.

Major Findings are: the report has identified 132 key waterbird habitats along China's coastal areas, among which 77 sites have been wholly or partially put under protection, while the remaining 55 sites have not yet been protected; these 132 key waterbird habitats support 25 globally threatened waterbird species, among which 14 species are protected under China's laws, while 11 species have not yet been protected.

Major Recommendations are: to further fill in the gap of protecting waterbird habitats by taking advantage of the opportunity of applying for world heritage site of the Migratory Bird Sanctuaries along the Coast of Yellow Sea-Bohai Gulf of China; to reinforce the optimization and consolidation of original national natural protected areas by taking into account 132 key waterbird habitats identified in the report; to engage the general public in the protection of waterbird habitats and promote the protection of new natural protected areas.

致　谢

　　首先，感谢中国科学院 A 类战略性先导科技专项"地球大数据科学工程"、内蒙古老牛慈善基金会、联合国开发计划署 - 全球环境基金（UNDP-GEF）黄海大海洋生态系项目、联合国粮食及农业组织 - 全球环境基金（FAO-GEF）江西省湿地保护区体系示范项目提供的资助。

　　感谢国家林业和草原局湿地管理司鲍达明副司长、保尔森基金会生态保护项目总监牛红卫女士、内蒙古老牛慈善基金会兰科其经理、中国科学院地理科学与资源研究所于贵瑞院士、北京林业大学生态与自然保护学院雷光春教授、北京师范大学生命科学学院张正旺教授等项目指导委员会成员为本项目提供的学术指导。感谢北京源河国际湿地文化交流中心陈克林主任、中国观鸟组织联合行动平台（朱雀会）发起人钟嘉女士、全国鸟类环志中心钱法文常务副主任、国家林业和草原局湿地管理司姬文元副处长、国家林业和草原局调查规划设计院梁兵宽高级工程师、中国科学院计算机网络信息中心黎建辉研究员对本项目的支持。本项目还得到了来自合作伙伴的保尔森基金会顾问 Terry Townshend、国家林业和草原局调查规划设计院袁军处长、国际湿地生态保护项目张小红经理、原北京市企业家环保基金会高级项目经理张琼、山水自然保护中心项目协调员张梦、国家林业和草原局 GEF 项目办公室项目经理孙玉露的支持。

　　本书作者包括（按姓氏笔画排序）：干晓静、于秀波、王小宁、王希明、王建民、王新兴、石建斌、卢刚、田延浩、田志伟、白清泉、刘阳、李莉、李玉祥、肖晓波、张高峰、郑怀舟、段后浪、贾亦飞、夏少霞、钱程、黄秦、章麟、韩永祥、雷进宇、滕佳昆、薛琳。全书由于秀波、夏少霞、段后浪、雷进宇、贾亦飞、石建斌统稿和审校，原慧慧等制图，干晓静、夏少霞、段后浪负责沟通与协调。

　　感谢广东深圳华侨城国家湿地公园、珠海市观鸟协会、汕头《特区青年报》郑康华、惠州市大亚湾红树林城市公园熊玉和惠东中学洪鸿志老师提供的数据支持。

　　感谢有关机构的专家对本书文稿进行书面评审，并提出了宝贵的修改意见，确保了文稿内容准确，提升了文稿内容的质量。这些评审专家包括：李玉祥、白清泉、田志伟、王建民、王希明、章麟、钱程、田延浩、王小宁、郑怀舟、刘阳、张高峰、黄秦、肖晓波、卢刚等。

　　特别感谢北京师范大学生命科学学院张正旺教授和 BoboLink 食米鸟基金会主席、保尔森基金会副主席温迪·保尔森（Wendy Paulson）在百忙之中为本书作序。

目　录

引　言

王建民 摄

我国陆地海岸线狭长，涉及辽宁、河北、天津、山东、江苏、上海、浙江、福建、广东、广西、海南等 11 个省（自治区、直辖市）及港澳台地区。根据第二次全国湿地资源调查数据，我国共有滨海湿地 5 795 900 hm²，占全国湿地面积的 11%（国家林业局，2015）。东部沿海 11 个省（自治区、直辖市）居住着全国 40% 的人口，是我国经济总量最大的区域，占全国 GDP 的 58.6%。我国沿海湿地是重要的生态系统，有河口、三角洲、滩涂、红树林、珊瑚礁等多种典型的湿地类型。

中国沿海复杂多样的湿地孕育了丰富的生物多样性，是东亚 - 澳大利西亚候鸟迁徙路线的重要组成部分，每年支撑着数百万只水鸟，在维持迁徙水鸟的生态安全方面具有举足轻重的地位（Barter，2002；Bai et al.，2015）。然而，近几十年来，由于土地围垦和湿地退化等主要原因，天然滨海湿地面积显著下降（Ma et al.，2014；Murray et al.，2014）。众多依赖这些天然滨海湿地的水鸟种群数量正在快速下降。因此，需尽快采取有针对性的水鸟及其栖息地的保护措施。

面对中国沿海水鸟种群快速下降的局面，最有效的方法是找到水鸟分布的重要栖息地，开展有针对性的保护行动（Chan et al.，2019；Zhang et al.，2017）。重要鸟区方法是目前全球在确定水鸟多样性热点区域时普遍采用的方法之一。重要鸟区所针对的对象主要是在全球范围内受威胁的物种、分布范围有限的物种、生物群落限制物种和群聚性鸟种（BirdLife International，2014a，2014b）。

当前，很多研究利用不同来源的数据，使用重要鸟区方法针对不同的区域识别出了很多水鸟重要栖息地。Chan 等（2019）使用 2008 ~ 2018 年的水鸟调查数据，根据重要鸟区标准，识别出了连云港沿岸多块水鸟重要栖息地，并分析了这些栖息地受围垦影响的变化情况；Bai 等（2015）利用中国沿海水鸟同步调查组在沿海 11 省（自治区、直辖市）收集的水鸟调查数据，识别出了沿海多个水鸟生物多样性热点区域；Peng 等（2017）使用 2014 年和 2015 年在江苏东台条子泥、如东小洋口和东凌沿岸的水鸟调查数据对 Bai 等（2015）的研究结果进行了更新和补充。

这些研究存在以下可改进的方面：首先，多数现有研究所涉及的空间尺度较小，因水鸟调查很多时候难以在大的空间范围上展开，所得到的热点区域仅能反映局部情况。现有的研究所识别出的水鸟生物多样性热点区域更多反映的是过去一段时间水鸟在空间上的聚集情况，而水鸟由于受外界环境变化，尤其是栖息地的影响，很容易发生空间聚集的位置变化（Yang et al.，2011），因此，需要利用最新的调查数据对现有栖息地的重要性进行更新评估。同时，在重要栖息地分布的、满足重要鸟区标准的水鸟物种和数量也可能发生相应变化，因此，需要更新原有区域的相关物种信息。

其次，使用的数据源比较单一。当前的研究更多的是基于野外系统调查数据识别出水鸟生物多样性热点区域，而对一些公开发表的文献，以及公民数据库中的水鸟调查数据利用较少，由此得出的水鸟生物多样性热点区域可能会有所遗漏。

当前公开的动植物数据库，以及专门的鸟类数据库对于补充新的数据源起到了非常关键的作用。例如，美国 eBird 数据库、全球生物多样性信息网络（Global Biodiversity Information Facility，GBIF）和中国观鸟记录中心（BirdReport）存储着大量的水鸟调查数据，这些数据经过数据库后台专业人员矫正，数据质量得到很大程度保障，因而被大量运用于水鸟生物多样性估计评估上（Sullivan et al.，2014；Xu et al.，2019）。

本书主要通过整合多种来源的水鸟调查数据，分析评估中国沿海水鸟重要栖息地，并更新已有重要栖息地中满足重要鸟区标准的物种信息，为开展相应的保护行动、缓解中国沿海水鸟种群数量进一步下降的趋势，提供决策支持和政策建议。

评 估 方 法

2.1 多源水鸟调查数据获取

本研究所利用的水鸟数据,主要来源于以下 4 条途径。

1)鸟类调查报告。①中国沿海水鸟调查报告(2005 ~ 2013):自从 2005 年就开始进行水鸟调查,调查范围主要为中国沿海潮间带湿地,覆盖了中国沿海 11 省(自治区、直辖市)沿海区域。②亚洲水鸟调查报告(1987 ~ 2007):涉及中国沿海区域。③黄渤海水鸟同步调查(2018 ~ 2019):由国际湿地组织的水鸟调查,调查范围包括本研究区的辽宁省、河北省、天津市、山东省和江苏省沿海地区。

2)鸟类调查数据库。数据库包括 eBird(https://ebird.org/home)、全球生物多样性信息网络(GBIF)(http://www.gbifchina.org.cn/)和中国观鸟记录中心(http://www.birdreport.cn/)等,它们是鸟类调查记录的重要网站,数据主要来源于观鸟爱好者上传的调查记录,并经过质量审核后发布共享,目前这些记录已经被广泛用于生物多样性保护评估。eBird 数据库可根据数据申请需求提供所需的数据集。本研究根据需求向 eBird 提供了时间、区域范围和物种名称,获得了 eBird 所储存的中国区域有记录的水鸟数据集。GBIF 和中国观鸟记录中心数据库网站提供获取数据的需求窗口,本研究根据区域名称、水鸟物种名称和调查时间进行数据下载。

3)公开发表和录用的文献数据。在中国知网、Web of Science 数据库网站、百度学术、谷歌学术和与鸟类学相关的期刊官网上,以物种中文名称和拉丁文名称为检索词,搜集文献中的水鸟数据,包括水鸟中文名、英文名、拉丁名、水鸟调查点名称、调查点经度、调查点纬度、水鸟种群数量及数据来源等信息。

4)实地水鸟调查数据。在搜集上述来源数据的基础上,于 2019 年 3 月中旬至 5 月中旬水鸟集中北迁时间段,在江苏盐城市东台条子泥区域、江苏盐城国家级珍禽自然保护区缓冲区、江苏连云港市临洪河口和青口河口、天津市滨海新区八卦滩、大神堂沿岸滩涂湿地,以及河北滦南县南堡湿地等共 71 个调查点开展实地水鸟调查。调查时间选择退潮时期,针对每个区域,每隔 100 ~ 1000 m(视区域鸟况而定)使用单筒望远镜和鸟类计数器对周围临近区域水鸟扫描计数,对于正在上空飞行的水鸟不计数。同一个区域,同一个物种种群数量取多个调查时间内的最大值。

对上述 4 个来源的水鸟数据，我们将水鸟学名、中文名、英文名、水鸟调查点名称、调查点经度、调查点纬度、水鸟种群数量及数据来源等信息录入到 Excel 2016 表中。

2.2 水鸟数据整理和质量控制

按照物种名称、调查点名称、调查点经度、调查点纬度、调查时间、种群数量和数据来源不同方面对以上 4 个来源的水鸟数据进行整理分析，包含这些完整信息的记录为有效记录。在分析报告中，根据调查点名称剔除不在沿海 11 个省（自治区、直辖市）滨海湿地范围内的数据。来自网站上的公民科学调查数据，具有很高的应用价值，但是与常规系统的水鸟调查相比，公民科学调查得到的数据也可能存在一些问题，例如，空间偏差问题（部分数据存在调查点经纬度坐标与调查地点名称不匹配）、时间偏差问题（部分数据调查时间集中在节假日），以及对某个区域当地的明星物种过度报道记录的问题等。

对于空间偏差问题，使用谷歌地图手动校正调查点经纬度坐标与实际调查地点严重偏离的记录，以实际调查地点质心坐标作为这条记录校正后的坐标。为了验证结果的准确性，在所有校正后的调查记录中，随机抽取 30% 的记录输入到谷歌地图中，每条记录中的调查点名称与经纬度坐标相匹配的概率达 92%。对于调查记录集中在节假日的情况，我们对搜集到的所有记录进行了检查，发现很少存在一个时间段内分布记录过度集中的情况。

2.3 水鸟重要栖息地识别标准

基于前期搜集并经过质量控制的水鸟调查数据，采用全球广泛使用的重要鸟区标准来确定中国沿海湿地水鸟重要栖息地。

标准 1［重要鸟区标准 A1（Chan et al.，2009）］：调查地块支撑着一定种群数量的全球受胁物种。一定种群数量是指在该区域，该物种种群数量超过 30 只。受胁物种是指世界自然保护联盟濒危物种红色名录 2019（IUCN Red List of Threatened Species 2019）中列为极度濒危、濒危或易危的物种。

标准 2 [重要鸟区标准 A4i（Chan et al.，2009）]：调查地块单一水鸟物种的种群数量超过其全球或迁飞路线种群数量的 1%（根据湿地国际发布的"第五次全球水鸟种群数量估计"，WPE5，http://wpe.wetlands.org ）。

标准 3 [重要鸟区标准 A4iii（Chan et al.，2009）]：调查地块维持一定的水鸟数量，具体为 20 000 只或更多数量的水鸟提供栖息地。

一个调查地块只要满足上述三个标准中的一个，则认为这个地方是水鸟重要栖息地。

评 估 结 果

　　本书共确定了中国沿海 132 块水鸟重要栖息地，其中辽宁省 12 块，河北省
13 块，天津市 4 块，山东省 14 块，江苏省 8 块，上海市 7 块，浙江省 15 块，
福建省 18 块，广东省 23 块，广西壮族自治区 12 块，海南省 6 块。总面积达
2 820 498.64 hm^2（图 3.1）。

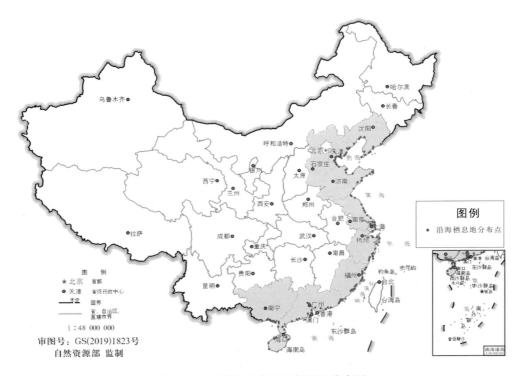

图 3.1　中国沿海水鸟重要栖息地分布图

3.1　辽宁省

　　辽宁省沿海水鸟重要栖息地共 12 块，其中大连市沿岸 7 块，丹东市沿岸 1
块，营口市、盘锦市、葫芦岛市和锦州市沿岸各 1 块，总面积 1 183 436 hm^2（图
3.2）。其中受保护或部分受保护的重要栖息地有 7 块，尚未得到保护的重要栖息
地有 5 块（表 3.1）。

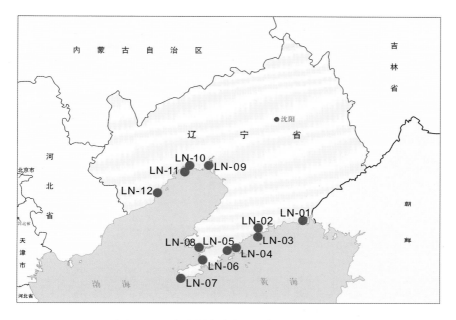

图 3.2 辽宁省沿海水鸟重要栖息地分布图

表3.1 辽宁省沿海水鸟重要栖息地

编号	名称	面积（hm²）	地块中心坐标	A1	A4i	A4iii	保护状况
LN-01	丹东市东港海滨（含鸭绿江口湿地保护区）	100 000	123°50′E，39°49′N	✓	✓	✓	●
LN-02	大连市庄河湾湿地	22 070	122°58′E，39°36′N	✓	✓		○
LN-03	大连市石城岛	33 866	123°00′E，39°32′N	✓			●
LN-04	大连市长海县沿海湿地	11 700	122°35′E，39°16′N	✓			○
LN-05	大连市广鹿岛	100 000	122°21′E，39°11′N	✓			●
LN-06	大连市金州湾	745 300	121°40′E，39°6′N		✓		○
LN-07	大连市老铁山	17 000	121°8′E，38°50′N	✓			●
LN-08	大连市瓦房店复州湾	30 000	121°37′E，39°25′N		✓		○
LN-09	盘锦市辽河口湿地	110 000	121°50′E，40°57′N	✓	✓	✓	●
LN-10	锦州市大、小凌河口湿地	10 000	121°16′E，40°52′N	✓	✓		◎
LN-11	营口市大辽河口	2 000	121°07′E，40°36′N	✓	✓		○
LN-12	葫芦岛市绥中六股河口	1 500	120°30′E，40°15′N	✓			●

注：●受到保护；◎部分受到保护；○未受到保护

（1）丹东市东港海滨（含鸭绿江口湿地保护区）（Donggang Coast, Dandong, including Yalujiang Estuary Wetland National Nature Reserve）

编号：LN-01

选录标准：A1、A4i、A4iii

面积：100 000 hm^2

坐标：123°50′E，39°49′N

保护状况：该区域部分于 1997 年被划入鸭绿江口滨海湿地国家级自然保护区，于 1999 年成为东亚 - 澳大利西亚涉禽保护网络的一部分。

地区描述：丹东市东港海滨湿地类型复杂，兼有内陆湿地与海岸湿地复合类型，以保护湿地资源和珍稀野生动物为主要目标，是多种鸻鹬类南北迁徙的重要停歇地。

对鸟类的重要性：

- 区域分布的国际性受胁鸟类：大杓鹬（濒危）、小青脚鹬（濒危）、大滨鹬（濒危）、勺嘴鹬（极危）、黑嘴鸥（易危）、遗鸥（易危）、黑脸琵鹭（濒危）、黄嘴白鹭（易危）；

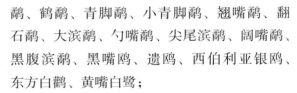

- 区内分布数量超过东亚种群 1% 的鸟类：鸿雁、豆雁、短嘴豆雁、翘鼻麻鸭、蛎鹬、灰斑鸻、环颈鸻、蒙古沙鸻、斑尾塍鹬、白腰杓鹬、大杓鹬、鹤鹬、青脚鹬、小青脚鹬、翘嘴鹬、翻石鹬、大滨鹬、勺嘴鹬、尖尾滨鹬、阔嘴鹬、黑腹滨鹬、黑嘴鸥、遗鸥、西伯利亚银鸥、东方白鹳、黄嘴白鹭；
- 单次水鸟调查数量超过 20 000 只的物种：斑尾塍鹬、弯嘴滨鹬、黑腹滨鹬。

大滨鹬和斑尾塍鹬群（白清泉 摄）

（2）大连市庄河湾湿地（Zhuanghe Bay Wetland, Dalian）

编号：LN-02

选录标准：A1、A4i

面积：22 070 hm²

坐标：122°58′E，39°36′N

保护状况：未受到保护

地区描述：大连市庄河湾湿地位于辽东半岛东部沿海，典型的近岸湿地生态系统，拥有河口湿地、潮间带、咸水湖泊和盐滩。为众多水鸟提供迁徙停歇地和越冬地。

对鸟类的重要性：

- 区域分布的国际性受胁鸟类：长尾鸭（易危）、大杓鹬（濒危）、大滨鹬（濒危）、黑嘴鸥（易危）、遗鸥（易危）、黑脸琵鹭（濒危）、黄嘴白鹭（易危）；
- 区内分布数量超过东亚种群1%的鸟类：白腰杓鹬、大杓鹬、遗鸥、黄嘴白鹭、黑脸琵鹭。

大杓鹬（王建民 摄）

（3）大连市石城岛（Shicheng Island, Dalian）

　　编号：LN-03

　　选录标准：A1

　　面积：33 866 hm^2

　　坐标：123°00′E，39°32′N

　　保护状况：大连市石城岛是长山群岛的一部分，是国家级海岛森林公园和大连海洋自然景观保护区。

　　地区描述：大连市石城岛位于黄海北部，长山群岛的东端，是濒危物种黑脸琵鹭重要的繁殖地。

　　对鸟类的重要性：

- 区域分布的国际性受胁鸟类：黑脸琵鹭（濒危）、黄嘴白鹭（易危）。

大连市石城岛（李洪波 摄）

（4）大连市长海县沿海湿地（**Changhai Coastal Wetland, Dalian**）

　　编号：LN-04

　　选录标准：A1

　　面积：11 700 hm²

　　坐标：122°35′E，39°16′N

　　保护状况：未受到保护

　　地区描述：大连市长海县沿海湿地位于辽东半岛东侧的黄海北部近岸海域，湿地资源极其丰富，为每年南来北往的迁徙水鸟提供了重要的迁徙停歇地。

　　对鸟类的重要性：

- 区域分布的国际性受胁鸟类：黄嘴白鹭（易危）。

大连市长海县沿海湿地（杨正先　摄）

（5）大连市广鹿岛（Guanglu Island, Dalian）

编号：LN-05

选录标准：A1

面积：100 000 hm²

坐标：122°21′E，39°11′N

保护状况：大连市广鹿岛是国家级海岛森林公园，辽宁省著名的风景名胜区。

地区描述：大连市广鹿岛位于黄海北部长山群岛的西部，23个岛、砣、礁构成了长山列岛中面积最大的岛屿。岛上黄嘴白鹭等鸟类资源丰富。

对鸟类的重要性：

• 区域分布的国际性受胁鸟类：黄嘴白鹭（易危）。

大连市广鹿岛（李洪波 摄）

（6）大连市金州湾（Jinzhou Bay, Dalian）

编号：LN-06

选录标准：A1、A4i

面积：745 300 hm²

坐标：121°40′E，39°6′N

保护状况：未受到保护

地区描述：大连市金州湾位于渤海湾海域，丰富的湿地资源孕育了较高的生物多样性，每年有包括白尾海雕、东方白鹳等物种在此越冬、停歇，为迁徙水鸟提供了必要的栖息生境。

对鸟类的重要性：

- 区域分布的国际性受胁鸟类：东方白鹳（濒危）；
- 区内分布数量超过东亚种群 1% 的鸟类：西伯利亚银鸥。

东方白鹳（王建民　摄）

（7）大连市老铁山（Laotieshan National Nature Reserve, Dalian）

编号：LN-07

选录标准：A1

面积：17 000 hm^2

坐标：121°8′E，38°50′N

保护状况：1980年建立蛇岛老铁山国家级自然保护区。

地区描述：大连市老铁山位于辽东半岛最南端，区域内拥有水库、河流等湿地资源。特殊的地理位置和丰富的湿地资源为鸟类提供了良好的栖息场所，并且成为许多鸟类南北迁徙的重要通道和停歇地。

对鸟类的重要性：

- 区域分布的国际性受胁鸟类：黄嘴白鹭（易危）。

大连市老铁山（于姬 摄）

（8）大连市瓦房店复州湾（Wafangdian Fuzhou Bay, Dalian）

编号：LN-08

选录标准：A1、A4i

面积：30 000 hm²

坐标：121°37′E，39°25′N

保护状况：未受到保护

地区描述：大连市瓦房店复州湾位于瓦房店市，湿地资源主要以沼泽湿地和潮间带滩涂湿地为主，是大量迁徙水鸟重要的越冬地。20世纪60年代，大规模的围填海行动，破坏了鸟类生境，栖息地生态质量有所下降，但目前依然能够吸引一定数量的水鸟在此栖息。

对鸟类的重要性：

- 区域分布的国际性受胁鸟类：白枕鹤（易危）、东方白鹳（濒危）；
- 区内分布数量超过东亚种群1%的鸟类：东方白鹳。

白枕鹤（贾亦飞 摄）

（9）盘锦市辽河口湿地（Liaohe Estuary Wetland, Panjin）

编号：LN-09

选录标准：A1、A4i、A4iii

面积：110 000 hm²

坐标：121°50′E，40°57′N

保护状况：1985 年建立自然保护区，并于 1988 年升为国家级自然保护区，1996 年和 2002 年相继加入"东亚 - 澳大利西亚涉禽保护区网络"和"东北亚鹤类保护网络"。

地区描述：盘锦市辽河口湿地位于辽河三角洲中心区域，空间范围上主要包括辽河、大凌河、小凌河等。湿地类型主要以芦苇沼泽和浅海滩涂为主，是全球易危物种黑嘴鸥最大的繁殖地。

对鸟类的重要性：

- 区域分布的国际性受胁鸟类：白鹤（极危）、丹顶鹤（濒危）、大杓鹬（濒危）、大滨鹬（濒危）、黑嘴鸥（易危）、遗鸥（易危）、东方白鹳（濒危）、黑脸琵鹭（濒危）；

- 区内分布数量超过东亚种群 1% 的鸟类：白鹤、丹顶鹤、蛎鹬、灰斑鸻、环颈鸻、黑尾塍鹬、斑尾塍鹬、白腰杓鹬、大杓鹬、大滨鹬、红腹滨鹬、黑腹滨鹬、黑嘴鸥、遗鸥、东方白鹳；

- 单次水鸟调查数量超过 20 000 只的物种：大滨鹬。

盘锦市辽河口湿地（田继光 摄）

（10）锦州市大、小凌河口湿地（Da & Xiao Linghe Estuary Wetlands, Jinzhou）

编号：LN-10

选录标准：A1、A4i

面积：10 000 hm^2

坐标：121°16′E，40°52′N

保护状况：2017 年划建大凌河口海洋公园，保护对象为河口生态系统，只有部分区域受保护。

地区描述：锦州市大、小凌河口湿地位于大凌河口和小凌河口之间，以滩涂和浅海区域为主要的湿地类型，为众多迁徙水鸟丹顶鹤、白鹤、东方白鹳等提供了重要的停歇地。

对鸟类的重要性：

- 区域分布的国际性受胁鸟类：白鹤（极危）、丹顶鹤（濒危）、大滨鹬（濒危）、黑嘴鸥（易危）、遗鸥（易危）；

- 区内分布数量超过东亚种群 1% 的鸟类：丹顶鹤、白鹤、灰斑鸻、斑尾塍鹬、白腰杓鹬、大杓鹬、大滨鹬、黑腹滨鹬、黑嘴鸥、遗鸥、东方白鹳。

大滨鹬（卢国成 摄）

（11）营口市大辽河口（Daliao Estuary, Yingkou）

编号：LN-11

选录标准：A1、A4i

面积：2000 hm²

坐标：121°07′E，40°36′N

保护状况：未受到保护

地区描述：营口市大辽河口位于渤海湾的北端，湿地资源以浅水滩涂为主，为多种迁徙鸟类，尤其是为鸻鹬类提供了重要的迁徙停歇地，每年在此停歇的水鸟种群数量超过 10 万只。

对鸟类的重要性：

- 区域分布的国际性受胁鸟类：大杓鹬（濒危）、大滨鹬（濒危）、黑嘴鸥（易危）；
- 区内分布数量超过东亚种群 1% 的鸟类：黑尾塍鹬、斑尾塍鹬、大滨鹬、黑腹滨鹬、黑嘴鸥。

黑腹滨鹬（王建民 摄）

（12）葫芦岛市绥中六股河口（Liuguhe Estuary, Suizhong, Huludao）

编号：LN-12

选录标准：A1

面积：1500 hm²

坐标：120°30′E，40°15′N

保护状况：于 2017 年建立省级湿地公园

地区描述：葫芦岛市绥中六股河口南临渤海，是典型的河口生态系统，为众多迁徙水鸟灰鹤、鸻鹬类等提供越冬地和迁徙停歇地。

对鸟类的重要性：

• 区域分布的国际性受胁鸟类：白枕鹤（易危）。

白枕鹤（贾亦飞 摄）

3.2 河北省

河北省沿海水鸟重要栖息地共 13 块，其中秦皇岛市沿岸 3 块，沧州市沿岸 3 块，唐山市沿岸 7 块，总面积 306 219 hm² （图 3.3）。其中受保护或部分受保护的重要栖息地有 8 块，尚未得到保护的重要栖息地有 5 块（表 3.2）。

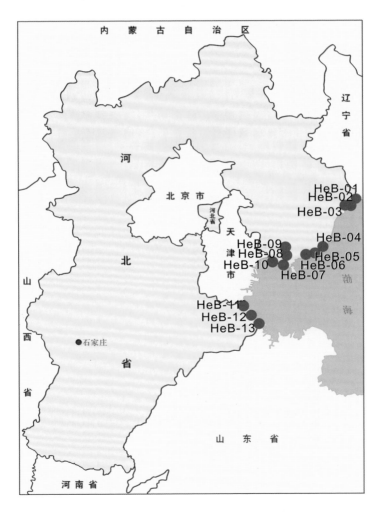

图 3.3 河北省沿海水鸟重要栖息地分布图

表3.2   河北省沿海水鸟重要栖息地概况

编号	名称	面积（hm²）	地块中心坐标	A1	A4i	A4iii	保护状况
HeB-01	秦皇岛市山海关石河南岛	127	119°47′E，39°58′N	✓			○
HeB-02	秦皇岛市北戴河鸽子窝滩涂	20	119°37′E，39°50′N	✓			○
HeB-03	秦皇岛市北戴河湿地	7 000	119°31′E，39°51′N	✓			●
HeB-04	唐山市乐亭沿岸	56 800	118°57′E，39°15′N	✓	✓		◎
HeB-05	唐山市乐亭大清河盐场	9 700	118°47′E，39°09′N	✓			◎
HeB-06	唐山市乐亭石臼坨	3 775	118°50′E，39°08′N	✓			●
HeB-07	唐山市滦南南堡湿地	5 900	118°19′E，39°03′N	✓	✓	✓	●
HeB-08	唐山市曹妃甸湿地	54 000	118°21′E，39°11′N	✓			●
HeB-09	唐山市唐海湿地	11 064	118°22′E，39°14′N	✓	✓		●
HeB-10	唐山市北堡泥滩	3 000	118°11′E，39°07′N			✓	○
HeB-11	沧州市南大港水库	13 380	117°31′E，38°30′N		✓		◎
HeB-12	沧州市沿海湿地	133 500	117°40′E，38°26′N	✓	✓		○
HeB-13	沧州市黄骅港	7 953	117°51′E，38°18′N	✓	✓		○

注：●受到保护；◎部分受到保护；○未受到保护

（13）秦皇岛市山海关石河南岛（Shihenan Island, Shanhaiguan, Qinghuangdao）

编号：HeB-01

选录标准：A1

面积：127 hm²

坐标：119°47′E，39°58′N

保护状况：未受到保护

地区描述：秦皇岛市山海关石河南岛地处秦皇岛市山海关区东南部，湿地类型主要由海岸湿地和河流湿地组成，是东亚-澳大利西亚候鸟迁徙路线上的重要节点。

对鸟类的重要性：

- 区域分布的国际性受胁鸟类：大鸨（易危）、白鹤（极危）、丹顶鹤（濒危）、白头鹤（易危）、黑嘴鸥（易危）、遗鸥（易危）、东方白鹳（濒危）、黑脸琵鹭（濒危）。

白鹤（摆万奇 摄）

（14）秦皇岛市北戴河鸽子窝滩涂（Geziwo Mudflat, Beidaihe, Qinhuangdao）

编号：HeB-02

选录标准：A1

面积：20 hm²

坐标：119°37′E，39°50′N

保护状况：未受到保护

地区描述：秦皇岛市北戴河鸽子窝滩涂位于秦皇岛市北戴河区东北角，湿地资源以滩涂湿地为主，底栖生物资源丰富，为迁徙水鸟提供丰富的食物资源，吸引了多种濒危物种（如丹顶鹤）等鸟类。

对鸟类的重要性：

• 区域分布的国际性受胁鸟类：丹顶鹤（濒危）。

丹顶鹤（薛子平　摄）

（15）秦皇岛市北戴河湿地（Beidaihe Wetland, Qinhuangdao）

编号：HeB-03

选录标准：A1

面积：7000 hm²

坐标：119°31′E，39°51′N

保护状况：是北戴河湿地和鸟类保护区。

地区描述：秦皇岛市北戴河湿地位于渤海湾西北部，湿地类型主要以小型滩涂湿地、沙滩及沿岸为主，复杂的湿地类型成为迁徙水鸟重要的停歇场所，区域内包括大杓鹬、大滨鹬等多个濒危物种。

对鸟类的重要性：

- 区域分布的国际性受胁鸟类：鸿雁（易危）、大杓鹬（濒危）、大滨鹬（濒危）、黄嘴白鹭（易危）。

秦皇岛市北戴河湿地（新华社供图）

（16）唐山市乐亭沿岸（Laoting Coast, Tangshan）

编号：HeB-04

选录标准：A1、A4i

面积：56 800 hm²

坐标：118°57′E，39°15′N

保护状况：部分受保护

地区描述：唐山市乐亭沿岸位于唐山市乐亭县东南沿海，以近岸湿地、河流湿地和人工湿地为主，复杂多样的湿地类型也为众多的迁徙水鸟提供必要的生境。

对鸟类的重要性：

- 区域分布的国际性受胁鸟类：鸿雁（易危）、白鹤（极危）、丹顶鹤（濒危）、大杓鹬（濒危）、大滨鹬（濒危）、黑嘴鸥（易危）、遗鸥（易危）、东方白鹳（濒危）；

- 区内分布数量超过东亚种群1%的鸟类：白秋沙鸭、反嘴鹬、灰斑鸻、环颈鸻、黑尾塍鹬、白腰杓鹬、翻石鹬、尖尾滨鹬、弯嘴滨鹬、黑腹滨鹬。

大杓鹬（樸万奇 摄）

（17）唐山市乐亭大清河盐场（Daqinghe Saltworks, Laoting, Tangshan）

编号：HeB-05

选录标准：A1

面积：9700 hm²

坐标：118°47′E，39°09′N

保护状况：部分受保护。2011 年由护鸟志愿者田志伟建立唐山市大清河鸟类救助站，开展野生鸟类保护、救助工作。

地区描述：大清河盐场位于河北省唐山市乐亭县西南的渤海沿岸。盐场内湿地资源以自然滩涂湿地、人工盐田湿地为主。复杂的湿地类型为众多国家Ⅰ级和Ⅱ级重点保护野生鸟类提供栖息生境。

对鸟类的重要性：

- 区域分布的国际性受胁鸟类：鸿雁（易危）、白鹤（极危）、丹顶鹤（濒危）、大杓鹬（濒危）、大滨鹬（濒危）、遗鸥（易危）、黑嘴鸥（易危）、东方白鹳（濒危）、黄嘴白鹭（易危）。

东方白鹳（王建民 摄）

（18）唐山市乐亭石臼坨（Shijiutuo Island, Laoting, Tangshan）

编号：HeB-06

选录标准：A1

面积：3775 hm²

坐标：118°50′E，39°08′N

保护状况：2002 年建立省级海洋自然保护区

地区描述：唐山市乐亭石臼坨位于乐亭南部的渤海湾，也是该区域最大的岛屿，主要以淤泥质滩涂为主，为众多濒危水鸟提供了南北迁徙必要的停歇场所。

对鸟类的重要性：

- 区域分布的国际性受胁鸟类：白鹤（极危）、丹顶鹤（濒危）、白头鹤（易危）、遗鸥（易危）。

遗鸥（王晔 摄）

（19）唐山市滦南南堡湿地（Luannan Nanpu Wetland, Tangshan）

编号：HeB-07

选录标准：A1、A4i、A4iii

面积：5900 hm²

坐标：118°19′E，39°03′N

保护状况：于 2020 年 10 月获批建立河北滦南南堡嘴东省级湿地公园。

地区描述：唐山市滦南南堡湿地位于滦南县西南部沿海，与曹妃甸湿地和鸟类省级自然保护区相邻。湿地类型以潮间带滩涂与人工盐田湿地为主。湿地中底栖生物资源丰富，是东亚迁徙鸻鹬类最重要的食物资源之一。

对鸟类的重要性：

- 区域分布的国际性受胁鸟类：大杓鹬（濒危）、大滨鹬（濒危）、小青脚鹬（濒危）、勺嘴鹬（极危）、遗鸥（易危）、东方白鹳（濒危）、黑脸琵鹭（濒危）；

- 区内分布数量超过东亚种群 1% 的鸟类：翘鼻麻鸭、黑翅长脚鹬、反嘴鹬、环颈鸻、半蹼鹬、黑尾塍鹬、白腰杓鹬、鹤鹬、小青脚鹬、大滨鹬、红腹滨鹬、三趾滨鹬、红颈滨鹬、尖尾滨鹬、阔嘴鹬、弯嘴滨鹬、黑腹滨鹬、红嘴鸥、遗鸥、白额燕鸥、东方白鹳；

- 单次水鸟调查数量超过 20 000 只的物种：红腹滨鹬、弯嘴滨鹬、黑腹滨鹬。

红腹滨鹬（王建民 摄）

（20）唐山市曹妃甸湿地（Caofeidian Wetland, Tangshan）

　　编号：HeB-08

　　选录标准：A1

　　面积：54 000 hm²

　　坐标：118°21′E，39°11′N

　　保护状况：2005 年建立鸟类省级自然保护区。

　　地区描述：唐山市曹妃甸湿地地处唐山南部沿海、渤海湾中心地带，是东亚 - 澳大利西亚候鸟迁徙路线的重要驿站和栖息场所，但过去一段时间围填海影响下，大量自然湿地转为人工建筑用地，对水鸟生存造成一定威胁。

　　对鸟类的重要性：

- 区域分布的国际性受胁鸟类：大鸨（易危）、白鹤（极危）、丹顶鹤（濒危）、大杓鹬（濒危）、大滨鹬（濒危）、遗鸥（易危）、东方白鹳（濒危）。

唐山市曹妃甸湿地（新华社供图）

（21）唐山市唐海湿地（Tanghai Wetland, Tangshan）

编号：HeB-09

选录标准：A1、A4i

面积：11 064 hm²

坐标：118°22′E，39°14′N

保护状况：2005 年建立唐海湿地和鸟类省级自然保护区，2009 年列入黄渤海地区迁徙水鸟保护网络。

地区描述：唐山市唐海湿地位于渤海北岸的唐海县境内，丰富的湿地资源为迁徙水鸟提供重要的食物资源，吸引了包括国家Ⅰ级重点保护野生鸟类白鹤和Ⅱ级重点保护野生鸟类黑嘴鸥等在此停歇、繁殖。

对鸟类的重要性：

- 区域分布的国际性受胁鸟类：鸿雁（易危）、白鹤（极危）、丹顶鹤（濒危）、大杓鹬（濒危）、大滨鹬（濒危）、黑嘴鸥（易危）、遗鸥（易危）、东方白鹳（濒危）、黄嘴白鹭（易危）；
- 区内分布数量超过东亚种群 1% 的鸟类：斑嘴鸭、反嘴鹬、红嘴鸥、普通燕鸥。

反嘴鹬（王建民 摄）

（22）唐山市北堡泥滩（Beipu Tidal Flat, Tangshan）

编号：HeB-10

选录标准：A1、A4i、A4iii

面积：3000 hm²

坐标：118°11′E，39°07′N

保护状况：未受到保护

地区描述：北堡泥滩位于河北省渤海湾沿岸，紧邻南堡湿地。区域内拥有大量的潮间带滩涂湿地，是东亚-澳大利西亚候鸟迁徙路线上非常重要的停歇区域，每年吸引多种水鸟在此栖息。

对鸟类的重要性：

- 区域分布的国际性受胁鸟类：遗鸥（易危）；
- 区内分布数量超过东亚种群1%的鸟类：黑翅长脚鹬、半蹼鹬、红腹滨鹬、阔嘴鹬、遗鸥、白翅浮鸥；
- 单次水鸟调查数量超过20 000只的物种：白翅浮鸥。

黑翅长脚鹬（王建民 摄）

（23）沧州市南大港水库（Nandagang Reservoir, Cangzhou）

编号：HeB-11

选录标准：A4i

面积：13 380 hm²

坐标：117°31′E，38°30′N

保护状况：沧州市南大港水库部分受保护。

地区描述：沧州市南大港水库地处河北省沧州市东北部，紧邻渤海，位于渤海湾顶端。湿地类型以河流和淤泥质滩涂湿地为主，湿地内水鸟生物多样性极其丰富，为迁徙水鸟提供重要的停歇地。据统计，有包括国家Ⅰ级重点保护野生鸟类丹顶鹤、白鹤、白头鹤、中华秋沙鸭等在内的水鸟 168 种。

对鸟类的重要性：

- 区域分布的国际性受胁鸟类：中华秋沙鸭（濒危）、白鹤（极危）、白头鹤（易危）。

白鹤（摆万奇 摄）

（24）沧州市沿海湿地（Cangzhou Coastal Wetland, Cangzhou）

编号：HeB-12

选录标准：A1、A4i

面积：133 500 hm²

坐标：117°40′E，38°26′N

保护状况：未受到保护

地区描述：位于渤海湾西南部，湿地类型主要包括河口湿地和泥质滩涂等，沧州滨海湿地是东亚 - 澳大利西亚候鸟迁徙路线上的重要停歇地和能量补给站，对于迁徙水鸟的保护，以及维持中国沿海水鸟生物多样性起到重要作用。

对鸟类的重要性：

- 区域分布的国际性受胁鸟类：鸿雁（易危）、白鹤（极危）、白枕鹤（易危）、黑嘴鸥（易危）、遗鸥（易危）、东方白鹳（濒危）、黑脸琵鹭（濒危）；
- 区内分布数量超过东亚种群 1% 的鸟类：黑翅长脚鹬。

东方白鹳（王建民 摄）

（25）沧州市黄骅港（Huanghua Coast, Cangzhou）

编号：HeB-13

选录标准：A1、A4i

面积：7953 hm²

坐标：117°51′E，38°18′N

保护状况：未受到保护

地区描述：黄骅港位于河北省黄骅市的渤海之滨。中国沿海同步调查组多年的水鸟调查数据显示，区域内沿岸湿地是众多水鸟尤其是鸻鹬类水鸟重要的迁徙停歇地。

对鸟类的重要性：

- 区域分布的国际性受胁鸟类：大杓鹬（濒危）、黑嘴鸥（易危）、遗鸥（易危）；
- 区内分布数量超过东亚种群 1% 的鸟类：黑翅长脚鹬、反嘴鹬、灰斑鸻、环颈鸻、黑尾塍鹬、斑尾塍鹬、白腰杓鹬、红腹滨鹬、尖尾滨鹬、弯嘴滨鹬、黑腹滨鹬、黑嘴鸥、遗鸥、卷羽鹈鹕。

黑尾塍鹬（摆万奇 摄）

3.3 天津市

天津沿海水鸟重要栖息地共4块，其中大港区沿岸1块，滨海新区2块，塘沽区1块，总面积55 475 hm²（图3.4）。其中受保护的重要栖息地1块，尚未得到保护的重要栖息地3块（表3.3）。

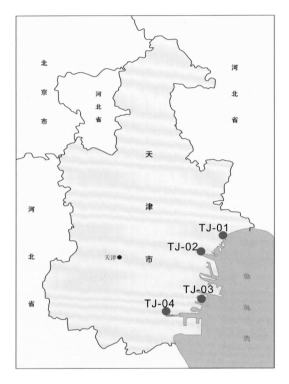

图 3.4 天津市沿海水鸟重要栖息地分布图

表3.3 天津市沿海水鸟重要栖息地概况

编号	名称	面积（hm²）	地块中心坐标	A1	A4i	A4iii	保护状况
TJ-01	天津市汉沽滩涂湿地	8 000	117°55′E，39°12′N	✓	✓		○
TJ-02	天津市北疆湿地	380	117°35′E，39°07′N	✓			○
TJ-03	天津市塘沽滨海滩涂	3 600	117°38′E，38°51′N	✓			○
TJ-04	天津市北大港湿地自然保护区	43 495	117°28′E，38°48′N	✓	✓		●

注：●受到保护；○未受到保护

（26）天津市汉沽滩涂湿地（Hangu Coastal Wetland, Tianjin）

编号：TJ-01

选录标准：A1、A4i

面积：8000 hm²

坐标：117°55′E，39°12′N

保护状况：未受到保护

地区描述：天津市汉沽滩涂湿地位于天津滨海新区汉沽沿岸。在长期的围填海影响下，滩涂湿地资源锐减。该区域每年在水鸟迁徙季节吸引数十万只水鸟在此停歇，特别为濒危物种遗鸥提供重要的越冬场所。

对鸟类的重要性：

- 区域分布的国际性受胁鸟类：白鹤（极危）、小青脚鹬（濒危）、大杓鹬（濒危）、大滨鹬（濒危）、勺嘴鹬（极危）、黑嘴鸥（易危）、遗鸥（易危）、东方白鹳（濒危）；
- 区内分布数量超过东亚种群1%的鸟类：反嘴鹬、半蹼鹬、黑尾塍鹬、红腹滨鹬、红颈滨鹬、黑腹滨鹬、遗鸥。

天津市汉沽滩涂湿地（王建民 摄）

（27）天津市北疆湿地（Beijiang Wetland, Tianjin）

　　编号：TJ-02

　　选录标准：A1

　　面积：380 hm^2

　　坐标：117°35E，39°07′N

　　保护状况：未受到保护

　　地区描述：天津市北疆湿地位于天津滨海新区大神堂以北。北疆湿地是东亚 - 澳大利西亚候鸟迁徙路线非常重要的停歇点，每年吸引着大量的水鸟在此栖息，特别是高潮位时，为大量水鸟提供停歇地。

　　对鸟类的重要性：

- 区域分布的国际性受胁鸟类：白鹤（极危）、大杓鹬（濒危）、黑嘴鸥（易危）、遗鸥（易危）。

天津市北疆湿地（王建民　摄）

（28）天津市塘沽滨海滩涂（Tanggu Coastal Wetland, Tianjin）

  编号：TJ-03

  选录标准：A1

  面积：3600 hm^2

  坐标：117°38′E，38°51′N

  保护状况：未受到保护

  地区描述：天津市塘沽滨海滩涂位于天津市东部，渤海湾顶端，濒临渤海。拥有对于水鸟来说极其重要的滩涂湿地，因此每年候鸟迁徙季节吸引大量水鸟在此停歇、栖息、觅食。

  对鸟类的重要性：

- 区域分布的国际性受胁鸟类：大杓鹬（濒危）、大滨鹬（濒危）、黑嘴鸥（易危）、遗鸥（易危）。

天津市塘沽滨海滩涂（王建民　摄）

（29）天津市北大港湿地自然保护区（Beidagang Wetland Nature Reserve, Tianjin）

编号：TJ-04

选录标准：A1、A4i

面积：43 495 hm²

坐标：117°28′E，38°48′N

保护状况：1999 年建立省级自然保护区

地区描述：天津市北大港湿地自然保护区位于天津市大港区，渤海湾西岸。湿地类型以季节性淹水沼泽为主。深水区为众多鸭类水鸟提供了良好的生存环境，浅水区又是众多大型涉禽（鸻鹬类等）水鸟重要的觅食、栖息场所。

对鸟类的重要性：

- 区域分布的国际性受胁鸟类：鸿雁（易危）、青头潜鸭（极危）、中华秋沙鸭（濒危）、白鹤（极危）、白枕鹤（易危）、大杓鹬（濒危）、小青脚鹬（濒危）、大滨鹬（濒危）、黑嘴鸥（易危）、遗鸥（易危）、东方白鹳（濒危）、黑脸琵鹭（濒危）、黄嘴白鹭（易危）；

- 区内分布数量超过东亚种群 1% 的鸟类：灰雁、小天鹅、斑嘴鸭、红头潜鸭、青头潜鸭、黑翅长脚鹬、反嘴鹬、灰斑鸻、金眶鸻、半蹼鹬、黑尾塍鹬、斑尾塍鹬、白腰杓鹬、鹤鹬、青脚鹬、小青脚鹬、红腹滨鹬、长趾滨鹬、黑腹滨鹬、东方白鹳、黑脸琵鹭、红嘴鸥、黑嘴鸥、遗鸥、西伯利亚银鸥、须浮鸥、卷羽鹈鹕。

斑尾塍鹬（王建民 摄）

3.4 山东省

山东省沿海水鸟重要栖息地共 14 块，其中东营市沿岸 4 块，青岛市沿岸 2 块，日照市沿岸 1 块，荣成市沿岸 3 块，威海市沿岸 2 块，滨州市沿岸 1 块，烟台市沿岸 1 块，总面积 289 412.8 hm² （图 3.5）。其中受保护重要栖息地 5 块，尚未得到保护的重要栖息地 9 块（表 3.4）。

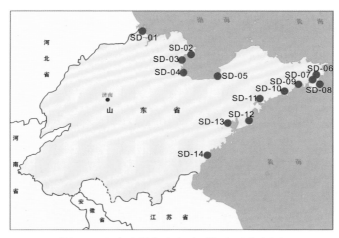

图 3.5　山东省沿海水鸟重要栖息地分布图

表3.4　山东省沿海水鸟重要栖息地概况

编号	名称	面积（hm²）	地块中心坐标	A1	A4i	A4iii	保护状况
SD-01	滨州市无棣沾化河口	7 000	118°12′E, 38°08′N		✓		○
SD-02	东营市黄河三角洲国家级保护区	153 000	119°10′E, 37°41′N	✓	✓	✓	●
SD-03	东营市垦利坝头	233 100	118°57′E, 37°36′N	✓			○
SD-04	东营市广利河口	8 000	119°00′E, 37°22′N	✓	✓		○
SD-05	东营市莱州湾	10 000	119°46′E, 37°09′N		✓		●
SD-06	荣成市荣成湾	2160	122°30′E, 37°08′N	✓			○
SD-07	荣成市金海湾	8 000	122°25′E, 37°06′N		✓		○
SD-08	荣成市桑沟湾	15 030	122°34′E, 37°02′N		✓		●
SD-09	威海市文登五垒岛湾	3 660	122°00′E, 36°58′N	✓			●
SD-10	威海市乳山口	8 921	121°30′E, 36°48′N		✓		○
SD-11	烟台市海阳钉子河口	9 000	120°45′E, 36°37′N		✓		○
SD-12	青岛市长门岩南岛	7.5	120°56′E, 36°10′N	✓			○
SD-13	青岛市胶州湾	44 600	120°10′E, 36°10′N	✓	✓		○
SD-14	日照市海滨湿地	20 011	119°36′E, 35°30′N	✓	✓		●

注：●受到保护；○未受到保护

（30）滨州市无棣沾化河口（**Wudizhanhua Estuary, Binzhou**）

编号：SD-01

选录标准：A4i

面积：7000 hm²

坐标：118°12′E，38°08′N

保护状况：未受到保护

地区描述：无棣沾化河口位于山东省滨州市。海拔较低的河口区域造就了大面积的河口三角洲湿地。区域内的自然湿地环境为众多的迁徙水鸟提供良好的南北迁徙中转站。

对鸟类的重要性：

- 区内分布数量超过东亚种群 1% 的鸟类：黑翅长脚鹬、反嘴鹬、灰斑鸻、环颈鸻、中杓鹬、斑尾塍鹬、鹤鹬、泽鹬、尖尾滨鹬、弯嘴滨鹬。

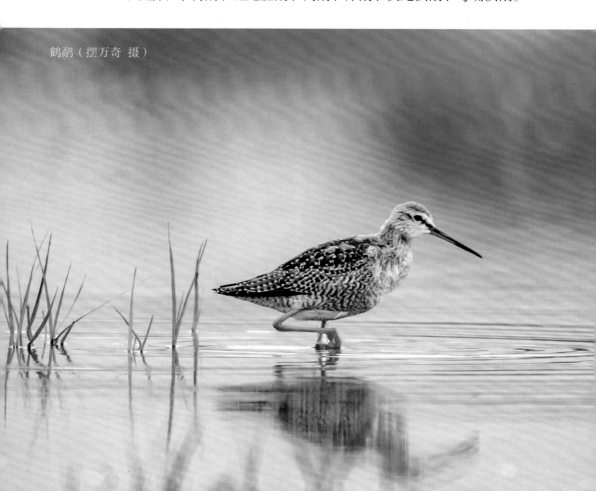

鹤鹬（摆万奇 摄）

（31）东营市黄河三角洲国家级自然保护区（Yellow River Delta National Nature Reserve, Dongying）

编号：SD-02

选录标准：A1、A4i、A4iii

面积：153 000 hm^2

坐标：119°10′E，37°41′N

保护状况：1990 年建立自然保护区，1991 年升级为省级自然保护区，1992 年升级为国家级自然保护区。1997 年加入东北亚鹤类保护网络。

地区描述：东营市黄河三角洲国家级自然保护区地处黄河入海口，是我国最大的三角洲湿地。湿地类型主要以淤泥质滩涂为主，自然保护区内拥有大量的野生动植物，河口三角洲孕育的潮间带滩涂为众多迁徙水鸟提供了重要的栖息生境。

对鸟类的重要性：

- 区域分布的国际性受胁鸟类：白鹤（极危）、白枕鹤（易危）、丹顶鹤（濒危）、大杓鹬（濒危）、大滨鹬（濒危）、黑嘴鸥（易危）、遗鸥（易危）、东方白鹳（濒危）、黑脸琵鹭（濒危）；

- 区内分布数量超过东亚种群 1% 的鸟类：疣鼻天鹅、黑翅长脚鹬、反嘴鹬、灰斑鸻、金眶鸻、环颈鸻、黑尾塍鹬、斑尾塍鹬、大杓鹬、鹤鹬、大滨鹬、红腹滨鹬、尖尾滨鹬、黑腹滨鹬、黑嘴鸥、红嘴巨燕鸥、卷羽鹈鹕；

- 单次水鸟调查数量超过 20 000 只的物种：黑腹滨鹬。

黑翅长脚鹬（王建民 摄）

（32）东营市垦利坝头（Kenlibatou Coastal Wetland, Dongying）

编号：SD-03

选录标准：A1

面积：233 100 hm²

坐标：118°57′E，37°36′N

保护状况：未受到保护

地区描述：东营市垦利坝头位于黄河入海口，地处胜利油田腹地。区域内湿地资源丰富，主要以河口三角洲淤泥质湿地为主，该区域是东亚 - 澳大利西亚候鸟迁徙路线上水鸟重要的停歇地。

对鸟类的重要性：

- 区域分布的国际性受胁鸟类：东方白鹳（濒危）。

东方白鹳（摆万奇 摄）

（33）东营市广利河口（Guangli Estuary, Dongying）

编号：SD-04

选录标准：A1、A4i

面积：8000 hm²

坐标：119°00′E，37°22′N

保护状况：未受到保护

地区描述：广利河口位于山东省东营市，广利河流域全长 42 km，流域面积510 km²。区域内湿地资源丰富，是众多野生动植物良好的栖息场所，是全球受胁水鸟黑嘴鸥非常重要的栖息地。

对鸟类的重要性：

- 区域分布的国际性受胁鸟类：黑嘴鸥（易危）；
- 区内分布数量超过东亚种群 1% 的鸟类：黑嘴鸥。

东营市广利河口（宋树军 摄）

（34）东营市莱州湾（**Laizhou Bay, Dongying**）

编号：SD-05

选录标准：A1、A4i

面积：10 000 hm²

坐标：119°46′E，37°09′N

保护状况：2005 年建立莱州湾湿地自然保护区，2006 年晋升为市级自然保护区。

地区描述：东营市莱州湾是渤海三大海湾湿地之一，位于渤海南部。莱州湾主要以淤泥质滩涂湿地为主，为众多的迁徙水鸟如斑尾塍鹬、遗鸥等提供了栖息地。

对鸟类的重要性：

• 区域分布的国际性受胁鸟类：遗鸥（易危）；

• 区内分布数量超过东亚种群 1% 的鸟类：灰斑鸻、蒙古沙鸻、斑尾塍鹬。

遗鸥（于秀波 摄）

（35）荣成市荣成湾（Rongcheng Bay, Rongcheng）

编号：SD-06

选录标准：A1

面积：2160 hm²

坐标：122°30′E，37°08′N

保护状况：未受到保护

地区描述：荣成市荣成湾位于山东省荣成市东部。湿地类型主要以滩涂湿地为主。是东亚 - 澳大利西亚候鸟迁徙路线上的关键节点，有记录的鸟类153种，如大天鹅、黑尾鸥。

对鸟类的重要性：

- 区内分布数量超过东亚种群1%的鸟类：黑尾鸥。

黑尾鸥（王建民 摄）

（36）荣成市金海湾（Jinhai Bay, Rongcheng）

编号：SD-07

选录标准：A4i

面积：8000 hm^2

坐标：122°25′E，37°06′N

保护状况：未受到保护

地区描述：荣成市金海湾位于山东威海市沿岸。湾区湿地资源丰富，尤其是潮涨潮落孕育了大面积的沿海淤质滩涂，是众多东亚 - 澳大利西亚候鸟迁徙路线上的众多水鸟重要的停歇地。

对鸟类的重要性：

• 区内分布数量超过东亚种群 1% 的鸟类：翘鼻麻鸭。

翘鼻麻鸭（王建民 摄）

（37）荣成市桑沟湾（Sanggou Bay, Rongcheng）

编号：SD-08

选录标准：A4i

面积：15 030 hm^2

坐标：122°34′E，37°02′N

保护状况：2005 年建立荣成市桑沟湾国家城市湿地公园。

地区描述：荣成市桑沟湾位于我国最东端的海湾，也是山东省半岛最开阔的海湾。海湾内湿地类型主要以潟湖为主，独特的生境为南来北往的迁徙水鸟红嘴鸥、大天鹅等提供了重要的栖息地。

对鸟类的重要性：

- 区内分布数量超过东亚种群 1% 的鸟类：红嘴鸥。

红嘴鸥（王建民 摄）

（38）威海市文登五垒岛湾（Wuleidao Bay in Wendeng, Weihai）

编号：SD-09

选录标准：A1

面积：3660 hm²

坐标：122°00′E，36°58′N

保护状况：2015 年建立试点国家湿地公园，成为威海市首个批建试点国家湿地公园。

地区描述：威海市文登五垒岛湾位于山东省威海市文登区南部。五垒岛湾众多的湿地类型为迁徙水鸟提供了重要的越冬栖息生境，尤其是濒危物种东方白鹳。

对鸟类的重要性：

• 区域分布的国际性受胁鸟类：东方白鹳（濒危）。

东方白鹳（王建民 摄）

（39）威海市乳山口（Rushan Estuary, Weihai）

编号：SD-10

选录标准：A4i

面积：8921 hm²

坐标：121°30′E，36°48′N

保护状况：未受到保护

地区描述：威海市乳山口南靠黄海，北有平静的乳山口湾。乳山口独特的湿地环境造就了多种水鸟生存所必需的栖息地环境。

对鸟类的重要性：

- 区内分布数量超过东亚种群 1% 的鸟类：红嘴鸥。

红嘴鸥（王建民 摄）

（40）烟台市海阳钉子河口（Dingzi Estuary in Haiyang, Yantai）

编号：SD-11

选录标准：A4i

面积：9000 hm²

坐标：120°45′E，36°37′N

保护状况：未受到保护

地区描述：海阳钉子河口位于山东省烟台市沿岸。海拔较低，湿地类型主要以河口三角洲为主，为大量的鸥类水鸟提供了重要的迁徙停歇地。

对鸟类的重要性：

• 区内分布数量超过东亚种群 1% 的鸟类：红嘴鸥。

红嘴鸥（王一画 摄）

（41）青岛市长门岩南岛（Changmenyan South Island, Qingdao）

编号：SD-12

选录标准：A1、A4i

面积：7.5 hm²

坐标：120°56′E，36°10′N

保护状况：未受到保护

地区描述：青岛市长门岩南岛位于鳌山卫镇大管岛东南区域的黄海中。由于海浪的长期作用形成了独特的海蚀地貌。春秋水鸟迁徙季节为多种迁徙猛禽和候鸟提供重要的海上停歇地。

对鸟类的重要性：

- 区域分布的国际性受胁鸟类：白腰燕鸥（易危）、黄嘴白鹭（易危）；
- 区内分布数量超过东亚种群 1% 的鸟类：黑尾鸥、黄嘴白鹭。

青岛市长门岩南岛（薛琳 摄）

（42）青岛市胶州湾（Jiaozhou Bay, Qingdao）

编号：SD-13

选录标准：A1、A4i

面积：44 600 hm²

坐标：120°10′E，36°10′N

保护状况：未受到保护

地区描述：青岛市胶州湾位于山东半岛南岸，濒临南黄海西部。湿地类型包括潮间带滩涂湿地、河口海湾湿地。该区域是亚太地区候鸟迁徙的主要通道，同时也是多种水鸟的繁殖地和越冬地。

对鸟类的重要性：

- 区域分布的国际性受胁鸟类：鸿雁（易危）、青头潜鸭（极危）、长尾鸭（易危）、白鹤（极危）、丹顶鹤（濒危）、白头鹤（易危）、大杓鹬（濒危）、小青脚鹬（濒危）、大滨鹬（濒危）、黑嘴鸥（易危）、遗鸥（易危）、中华凤头燕鸥（极危）、东方白鹳（濒危）、黑脸琵鹭（濒危）、黄嘴白鹭（易危）；

- 区内分布数量超过东亚种群 1% 的鸟类：中华凤头燕鸥、翘鼻麻鸭、蛎鹬、反嘴鹬、环颈鸻、蒙古沙鸻、白腰杓鹬、灰斑鸻、斑尾塍鹬、鹤鹬、小青脚鹬、大滨鹬、黑腹滨鹬、黑嘴鸥。

中华凤头燕鸥（薛琳 摄）

（43）日照市海滨湿地（Rizhao Coastal Wetland, Rizhao）

编号：SD-14

选录标准：A1、A4i

面积：20 011 hm²

坐标：119°36′E，35°30′N

保护状况：2012 年以来先后在日照海滨湿地先后试点建设 7 处湿地公园，且这些湿地公园均已纳入日照市生态保护红线范围内。

地区描述：日照市海滨湿地地处鲁东南沿海，东濒黄海，以滨海滩涂为主。日照海滨湿地沿海浅滩为众多迁徙水鸟提供迁徙过程中重要的食物资源，尤其是鸻鹬类水鸟。

对鸟类的重要性：

- 区域分布的国际性受胁鸟类：鸿雁（易危）、中华秋沙鸭（濒危）、大鸨（易危）、丹顶鹤（濒危）、遗鸥（易危）、东方白鹳（濒危）；
- 区内分布数量超过东亚种群 1% 的鸟类：白腰杓鹬、灰斑鸻。

遗鸥（王晔 摄）

3.5　江苏省

　　江苏省沿海水鸟重要栖息地共 8 块，其中连云港市沿岸 3 块，盐城市沿岸 3 块，南通市沿岸 2 块，总面积 465 379 hm²（图 3.6）。其中受保护的重要栖息地 3 块，尚未得到保护的重要栖息地 5 块（表 3.5）。

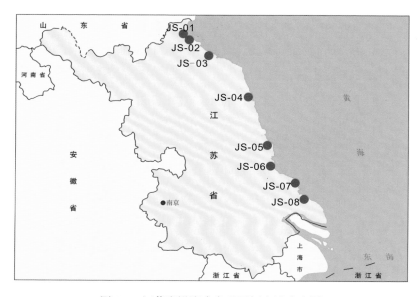

图 3.6　江苏省沿海水鸟重要栖息地分布图

表3.5　江苏省沿海水鸟重要栖息地概况

编号	名称	面积（hm²）	地块中心坐标	A1	A4i	A4iii	保护状况
JS-01	连云港市赣榆青口河口	10 000	119°12′E，34°50′N	✓	✓		○
JS-02	连云港市临洪河口	6 419	119°15′E，34°49′N	✓	✓		○
JS-03	连云港市埒子口	16 264	119°40′E，34°32′N	✓	✓		○
JS-04	盐城市湿地珍禽国家级自然保护区	247 260	120°30′E，33°36′N	✓	✓		●
JS-05	盐城市大丰麋鹿国家级自然保护区	2 666	120°49′E，33°01′N	✓	✓		●
JS-06	盐城市东台弶港沿海（含条子泥）	23 500	120°57′E，32°45′N	✓	✓	✓	●
JS-07	南通市如东滩涂（含小洋口）	126 293	121°12′E，32°31′N	✓	✓		○
JS-08	南通市通州湾	32 977	121°32′E，32°13′N	✓	✓		○

　　注：●受到保护；○未受到保护

（44）连云港市赣榆青口河口（Qingkou Estuary in Ganyu, Lianyungang）

编号：JS-01

选录标准：A1、A4i

面积：10 000 hm²

坐标：119°12′E，34°50′N

保护状况：未受到保护

地区描述：连云港市赣榆青口河口位于连云港市北端的赣榆区，区域内生物多样性资源极其丰富。是东亚-澳大利西亚候鸟迁徙路线上鸻鹬类水鸟的重要栖息地，尤其是全球近危物种半蹼鹬重要的迁徙停歇地，常年支持的超过东亚种群1%的鸻鹬类在东亚所有地点中排名第一。

对鸟类的重要性：

• 区域分布的国际性受胁鸟类：鸿雁（易危）、红头潜鸭（易危）、大杓鹬（濒危）、大滨鹬（濒危）、小青脚鹬（濒危）、勺嘴鹬（极危）、黑嘴鸥（易危）、遗鸥（易危）、东方白鹳（濒危）、黑脸琵鹭（濒危）、黄嘴白鹭（易危）；

• 区内分布数量超过东亚种群1%的鸟类：半蹼鹬、翘鼻麻鸭、蛎鹬、反嘴鹬、灰斑鸻、环颈鸻、蒙古沙鸻、黑尾塍鹬、斑尾塍鹬、白腰杓鹬、大杓鹬、鹤鹬、小青脚鹬、翘嘴鹬、大滨鹬、红腹滨鹬、三趾滨鹬、红颈滨鹬、尖尾滨鹬、弯嘴滨鹬、阔嘴鹬、黑腹滨鹬、遗鸥、黑嘴鸥。

半蹼鹬（蔡挺 摄）

（45）连云港市临洪河口（Linhong Estuary, Lianyungang）

编号：JS-02

选录标准：A1、A4i

面积：6419 hm²

坐标：119°15′E，34°49′N

保护状况：未受到保护

地区描述：连云港市临洪河口湿地类型涵盖海岸、滩涂、岛屿、河流、湖泊、水库等，是东亚 - 澳大利西亚候鸟迁徙路线中鸻鹬类水鸟的重要觅食地，以及部分鸻鹬类和鸭类的重要越冬场所。

对鸟类的重要性：

- 区域分布的国际性受胁鸟类：鸿雁（易危）、红头潜鸭（易危）、丹顶鹤（濒危）、大杓鹬（濒危）、小青脚鹬（濒危）、大滨鹬（濒危）、勺嘴鹬（极危）、黑嘴鸥（易危）、遗鸥（易危）、东方白鹳（濒危）、黑脸琵鹭（濒危）、黄嘴白鹭（易危）；

- 区内分布数量超过东亚种群1%的鸟类：翘鼻麻鸭、罗纹鸭、丹顶鹤、蛎鹬、反嘴鹬、灰斑鸻、环颈鸻、蒙古沙鸻、半蹼鹬、黑尾塍鹬、斑尾塍鹬、白腰杓鹬、大杓鹬、鹤鹬、小青脚鹬、翘嘴鹬、大滨鹬、红腹滨鹬、三趾滨鹬、红颈滨鹬、长趾滨鹬、尖尾滨鹬、阔嘴鹬、弯嘴滨鹬、黑腹滨鹬、黑嘴鸥、遗鸥、红嘴巨燕鸥、卷羽鹈鹕。

尖尾滨鹬（王建民 摄）

（46）连云港市埒子口（Liezikou Estuary, Lianyungang）

　　编号：JS-03

　　选录标准：A1、A4i

　　面积：16 264 hm²

　　坐标：119°40′E，34°32′N

　　保护状况：未受到保护

　　地区描述：连云港市埒子口地处黄海之滨，东临黄海。丰富的自然湿地与重要的人工湿地生境为众多水鸟提供了重要的觅食栖息地。

　　对鸟类的重要性：

- 区域分布的国际性受胁鸟类：红头潜鸭（易危）、大杓鹬（濒危）、大滨鹬（濒危）、黑嘴鸥（易危）、遗鸥（易危）、黄嘴白鹭（易危）；

- 区内分布数量超过东亚种群 1% 的鸟类：罗纹鸭、三趾滨鹬、红颈滨鹬、长趾滨鹬、黄嘴白鹭。

遗鸥（王建民　摄）

（47）盐城市湿地珍禽国家级自然保护区（Yancheng National Nature Reserve, Yancheng）

编号：JS-04

选录标准：A1、A4i

面积：247 260 hm²

坐标：120°30′E，33°36′N

保护状况：1983 年建立自然保护区，1992 年升级为国家级自然保护区，同年被列入"世界生物圈保护区网络"，2019 年 7 月被列为世界自然遗产地。

地区描述：盐城国家级自然保护区在江苏省中部沿海。保护区所辖区域主要有东台市、大丰市、射阳县、滨海县和响水县的沿海滩涂。保护区拥有大量的潮间带滩涂湿地，是东亚 - 澳大利西亚候鸟迁徙路线上重要的停歇地，尤其是对受胁物种丹顶鹤、勺嘴鹬和小青脚鹬。多年水鸟调查记录显示，勺嘴鹬在此区域数量超过全球 1% 标准。

对鸟类的重要性：

- 区域分布的国际性受胁鸟类：鸿雁（易危）、小白额雁（易危）、红头潜鸭（易危）、青头潜鸭（极危）、中华秋沙鸭（濒危）、角鸊鷉（易危）、大杓鹬（易危）、花田鸡（易危）、白鹤（极危）、白枕鹤（易危）、丹顶鹤（濒危）、白头鹤（易危）、大杓鹬（濒危）、小青脚鹬（濒危）、大滨鹬（濒危）、勺嘴鹬（极危）、三趾鸥（易危）、黑嘴鸥（易危）、遗鸥（易危）、东方白鹳（濒危）、黑脸琵鹭（濒危）、黄嘴白鹭（易危）；

- 区内分布数量超过东亚种群 1% 的鸟类：豆雁、雪雁、翘鼻麻鸭、罗纹鸭、赤颈鸭、绿头鸭、斑嘴鸭、针尾鸭、绿翅鸭、花脸鸭、红头潜鸭、青头潜鸭、凤头潜鸭、斑头秋沙鸭、普通秋沙鸭、凤头鸊鷉、丹顶鹤、灰鹤、白头鹤、蛎鹬、黑翅长脚鹬、反嘴鹬、灰斑鸻、金眶鸻、环颈鸻、蒙古沙鸻、铁嘴沙鸻、半蹼鹬、黑尾塍鹬、斑尾塍鹬、白腰杓鹬、大杓鹬、鹤鹬、红脚鹬、青脚鹬、小青脚鹬、翘嘴鹬、矶鹬、翻石鹬、大滨鹬、红腹滨鹬、三趾滨鹬、红颈滨鹬、勺嘴鹬、长趾滨鹬、尖尾滨鹬、阔嘴鹬、黑腹滨鹬、黑嘴鸥、红嘴巨燕鸥、普通燕鸥、黑鹳、东方白鹳、普通鸬鹚、黑头白鹮、白琵鹭、黑脸琵鹭、大白鹭、黄嘴白鹭、卷羽鹈鹕。

丹顶鹤（薛子平 摄）

（48）盐城市大丰麋鹿国家级自然保护区（Dafeng Père David's Deer National Nature Reserve, Yancheng）

编号：JS-05

选录标准：A1、A4i

面积：2666 hm²

坐标：120°49′E，33°01′N

保护状况：1986 年建立省级自然保护区，1997 年升级为国家级自然保护区，2019 年 7 月被列为世界自然遗产地。

地区描述：大丰麋鹿国家级自然保护区位于黄海之滨，是世界占地面积最大的麋鹿自然保护区，区内主要以林地、草荒地、沼泽地和自然水面为主。保护区内生物多样性十分丰富，其中有包括丹顶鹤、黑嘴鸥、天鹅等多种迁徙水鸟在此停歇。

对鸟类的重要性：

- 区域分布的国际性受胁鸟类：红头潜鸭（易危）、中华秋沙鸭（濒危）、丹顶鹤（濒危）、大杓鹬（濒危）、大滨鹬（濒危）、黑嘴鸥（易危）、东方白鹳（濒危）、黑脸琵鹭（濒危）、黄嘴白鹭（易危）；
- 区内分布数量超过东亚种群 1% 的鸟类：黑脸琵鹭、黄嘴白鹭、卷羽鹈鹕。

盐城市大丰麋鹿国家级自然保护区（新华社供图）

（49）盐城市东台琼港沿海（含条子泥）[Jianggang Coastal Wetland（including Tiaozini）, Dongtai, Yancheng]

编号：JS-06

选录标准：A1、A4i、A4iii

面积：23 500 hm²

坐标：120°57′E，32°45′N

保护状况：2019 年 7 月被列为世界自然遗产地。

地区描述：琼港坐落在东台市黄海之滨，是一个著名渔港，素有"黄海明珠"之称，条子泥位于东台市沿海琼港镇东部，每年的春秋季节都有数万只候鸟在这里停歇。这里尤其是迁徙受胁物种勺嘴鹬、小青脚鹬等的重要停歇地。

对鸟类的重要性：

- 区域分布的国际性受胁鸟类：鸿雁（易危）、红头潜鸭（易危）、青头潜鸭（极危）、长尾鸭（易危）、中华秋沙鸭（濒危）、角䴙䴘（易危）、丹顶鹤（濒危）、大杓鹬（濒危）、小青脚鹬（濒危）、大滨鹬（濒危）、勺嘴鹬（极危）、黑嘴鸥（易危）、遗鸥（易危）、东方白鹳（濒危）、黑脸琵鹭（濒危）、黄嘴白鹭（易危）；

- 区内分布数量超过东亚种群 1% 的鸟类：翘鼻麻鸭、罗纹鸭、赤颈鸭、斑嘴鸭、针尾鸭、红头潜鸭、蛎鹬、反嘴鹬、灰斑鸻、环颈鸻、蒙古沙鸻、铁嘴沙鸻、半蹼鹬、黑尾塍鹬、斑尾塍鹬、白腰杓鹬、大杓鹬、鹤鹬、小青脚鹬、翘嘴鹬、翻石鹬、大滨鹬、红腹滨鹬、三趾滨鹬、红颈滨鹬、勺嘴鹬、尖尾滨鹬、阔嘴鹬、黑腹滨鹬、黑嘴鸥、红嘴巨燕鸥、普通燕鸥、黑鹳、东方白鹳、白琵鹭、黑脸琵鹭、黄嘴白鹭、卷羽鹈鹕；

- 单次水鸟调查数量超过 20 000 只的物种：大滨鹬。

勺嘴鹬（程立 摄）

（50）南通市如东滩涂（包括小洋口）[Rudong Mudflat, Nantong（Including Xiaoyangkou）]

编号：JS-07

选录标准：A1、A4i

面积：126 293 hm^2

坐标：121°12′E，32°31′N

保护状况：未受到保护

地区描述：位于南通东部沿海地区。在东亚 - 澳大利西亚候鸟迁徙路线中，它大致位于南部鸟类越冬地与北部繁殖地的中间区域，是迁徙鸟类南来北往的重要能量补给地。东台和如东滩涂对于鸻鹬类尤其是受胁物种勺嘴鹬、小青脚鹬、大杓鹬、大滨鹬等极其重要。

对鸟类的重要性：

- 区域分布的国际性受胁鸟类：鸿雁（易危）、红头潜鸭（易危）、角䴙䴘（易危）、勺嘴鹬（极危）、青头潜鸭（极危）、中华秋沙鸭（濒危）、大杓鹬（濒危）、小青脚鹬（濒危）、大滨鹬（濒危）、黑嘴鸥（易危）、遗鸥（易危）、中华凤头燕鸥（极危）、东方白鹳（濒危）、黑脸琵鹭（濒危）、黄嘴白鹭（易危）；

- 区内分布数量超过东亚种群 1% 的鸟类：翘鼻麻鸭、蛎鹬、灰斑鸻、环颈鸻、蒙古沙鸻、铁嘴沙鸻、黑尾塍鹬、斑尾塍鹬、白腰杓鹬、大杓鹬、鹤鹬、小青脚鹬、翘嘴鹬、矶鹬、翻石鹬、大滨鹬、红腹滨鹬、三趾滨鹬、红颈滨鹬、勺嘴鹬、长趾滨鹬、尖尾滨鹬、阔嘴鹬、黑腹滨鹬、黑嘴鸥、红嘴巨燕鸥、中华凤头燕鸥、普通燕鸥、黑脸琵鹭、黄嘴白鹭、卷羽鹈鹕。

小青脚鹬（汤正华 摄）

（51）南通市通州湾（Tongzhou Bay, Nantong）

编号：JS-08

选录标准：A1、A4i

面积：32 977 hm²

坐标：121°32′E，32°13′N

保护状况：未受到保护

地区描述：通州湾位于江苏省南通市。沿海湿地资源丰富，尤其是沿海滩涂湿地为大量的迁徙水鸟提供了重要的迁徙停歇地。有调查数据记录显示，南通东凌沿海是全球濒危物种大杓鹬、大滨鹬等的重要停歇地。

对鸟类的重要性：

- 区域分布的国际性受胁鸟类：红头潜鸭（易危）、大杓鹬（濒危）、小青脚鹬（濒危）、大滨鹬（濒危）、勺嘴鹬（极危）、黑嘴鸥（易危）、遗鸥（易危）、东方白鹳（濒危）、黑脸琵鹭（濒危）、黄嘴白鹭（易危）；
- 区内分布数量超过东亚种群 1% 的鸟类：大滨鹬、环颈鸻、蒙古沙鸻、铁嘴沙鸻、斑尾塍鹬、白腰杓鹬、大杓鹬、翘嘴鹬、三趾滨鹬、红颈滨鹬、阔嘴鹬、黑腹滨鹬、灰斑鸻、黑嘴鸥、白额燕鸥。

铁嘴沙鸻（郑鼎 摄）

3.6 上海市

上海市沿海水鸟重要栖息地共7块，其中崇明区沿岸4块，奉贤区沿岸1块，浦东新区沿岸 1 块，宝山区沿岸 1 块，总面积 111 012 hm²（图 3.7）。其中，受保护或部分受保护的重要栖息地 2 块，尚未得到保护的重要栖息地 5 块（表 3.6）。

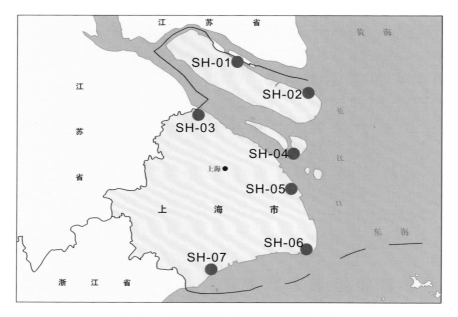

图 3.7 上海市沿海水鸟重要栖息地分布图

表3.6 上海市沿海水鸟重要栖息地概况

编号	名称	面积（hm²）	地块中心坐标	A1	A4i	A4iii	保护状况
SH-01	上海市崇明北滩	10 387	121°41′E，31°39′N	✓	✓		○
SH-02	上海市崇明东滩鸟类国家级自然保护区	24 155	121°57′E，31°30′N	✓	✓		●
SH-03	上海市宝山沿岸	720	121°21′E，31°29′N	✓	✓		○
SH-04	上海市横沙东滩	14 380	121°54′E，31°19′N	✓	✓		○
SH-05	上海市九段沙湿地国家级自然保护区	42 320	121°55′E，31°12′N	✓	✓		●
SH-06	上海市南汇东滩	12 250	121°58′E，30°52′N	✓	✓		○
SH-07	上海市奉贤海湾镇沿岸	6 800	121°31′E，30°49′N	✓	✓		○

注：●受到保护；○未受到保护

（52）上海市崇明北滩（Chongming Beitan, Shanghai）

编号：SH-01

选录标准：A1、A4i

面积：10 387 hm²

坐标：121°41′E，31°39′N

保护状况：未受到保护

地区描述：崇明北滩位于崇明岛北部，沉积的滩涂面积较宽广。区域湿地面积较大，是众多迁徙水鸟良好的觅食、停歇、栖息地。其东侧即为崇明东滩国家级自然保护区。

对鸟类的重要性：

- 区域分布的国际性受胁鸟类：鸿雁（易危）、红头潜鸭（易危）、小青脚鹬（濒危）、大杓鹬（濒危）、大滨鹬（濒危）、勺嘴鹬（极危）、三趾鸥（易危）、黑嘴鸥（易危）、遗鸥（易危）、东方白鹳（濒危）、黑脸琵鹭（濒危）、黄嘴白鹭（易危）；
- 区内分布数量超过东亚种群 1% 的鸟类：环颈鸻、蒙古沙鸻、大滨鹬、黑脸琵鹭。

三趾鸥（薛子平 摄）

（53）上海市崇明东滩鸟类国家级自然保护区（Chongming Dongtan National Nature Reserve, Shanghai）

编号：SH-02

选录标准：A1、A4i

面积：24 155 hm²

坐标：121°57′E，31°30′N

保护状况：1998 年建立崇明东滩鸟类自然保护区，1999 年正式加入东亚 - 澳大利西亚保护区网络，2005 年升为国家级自然保护区。

地区描述：崇明东滩国家级自然保护区位于长江入海口崇明岛的东部，是由长江携带的泥沙沉积而成且较大的河口三角洲滩涂湿地，是众多迁徙水鸟重要的停歇地，为众多迁徙水鸟提供觅食生境。

对鸟类的重要性：

- 区域分布的国际性受胁鸟类：勺嘴鹬（极危）、鸿雁（易危）、小白额雁（易危）、红头潜鸭（易危）、青头潜鸭（极危）、中华秋沙鸭（濒危）、角䴙䴘（易危）、花田鸡（易危）、白头鹤（易危）、白枕鹤（易危）、大杓鹬（濒危）、大滨鹬（濒危）、小青脚鹬（濒危）、三趾鸥（易危）、黑嘴鸥（易危）、中华凤头燕鸥（极危）、遗鸥（易危）、东方白鹳（濒危）、黑脸琵鹭（濒危）、黄嘴白鹭（易危）；

- 区内分布数量超过东亚种群 1% 的鸟类：花脸鸭、斑嘴鸭、白头鹤、反嘴鹬、灰斑鸻、环颈鸻、蒙古沙鸻、铁嘴沙鸻、黑尾塍鹬、斑尾塍鹬、白腰杓鹬、大杓鹬、鹤鹬、小青脚鹬、翘嘴鹬、翻石鹬、大滨鹬、红腹滨鹬、三趾滨鹬、红颈滨鹬、长趾滨鹬、阔嘴鹬、黑腹滨鹬、黑嘴鸥、中华凤头燕鸥、普通燕鸥、黑鹳、东方白鹳、白琵鹭、黑脸琵鹭、卷羽鹈鹕。

白琵鹭（田继光 摄）

（54）上海市宝山沿岸（Baoshan Coast, Shanghai）

编号：SH-03

选录标准：A1、A4i

面积：720 hm²

坐标：121°21′E，31°29′N

保护状况：未受到保护

地区描述：宝山沿岸海拔较低，北部与江苏省交界处保留有宝钢水库等较大水域，人工湿地生境是众多水鸟的栖息地。

对鸟类的重要性：

- 区域分布的国际性受胁鸟类：红头潜鸭（易危）、青头潜鸭（极危）；
- 区内分布数量超过东亚种群 1% 的鸟类：红头潜鸭。

青头潜鸭（薛琳 摄）

（55）上海市横沙东滩（Eastern Coast of Hengsha Island, Shanghai）

编号：SH-04

选录标准：A1、A4i

面积：14 380 hm^2

坐标：121°54′E，31°19′N

保护状况：未受到保护

地区描述：横沙岛位于长江口的最东端，崇明岛南侧、长兴岛东侧、浦东新区北侧。该区域所拥有的湿地食物资源丰富，是众多水鸟尤其是鸻鹬类水鸟重要的迁徙停歇地。

对鸟类的重要性：

- 区域分布的国际性受胁鸟类：鸿雁（易危）、红头潜鸭（易危）、东方白鹳（濒危）、黑脸琵鹭（濒危）、大滨鹬（濒危）、黑嘴鸥（易危）、大杓鹬（濒危）、遗鸥（易危）、勺嘴鹬（极危）、小青脚鹬（濒危）、黄嘴白鹭（易危）；

- 区内分布数量超过东亚种群1%的鸟类：灰斑鸻、环颈鸻、蒙古沙鸻、铁嘴沙鸻、黑尾塍鹬、斑尾塍鹬、大滨鹬、三趾滨鹬、红颈滨鹬、黑嘴鸥、白琵鹭、黑脸琵鹭、卷羽鹈鹕。

黑尾塍鹬（王建民 摄）

（56）上海市九段沙湿地国家级自然保护区（Jiuduansha National Nature Reserve, Shanghai）

编号：SH-05

选录标准：A1、A4i

面积：42 320 hm²

坐标：121°55′E，31°12′N

保护状况：2000 年设立自然保护区，2005 年升级为国家级自然保护区。

地区描述：上海市九段沙湿地国家级自然保护区在上海市以东海滨，是目前长江口最靠外海的一个河口沙洲。保护区湿地类型以河口型湿地生态系统为主。位于东亚 - 澳大利西亚候鸟迁徙路线上，每年有大量的鸻鹬类水鸟过境，也是上海地区最主要的雁鸭类水鸟越冬地之一。

对鸟类的重要性：

- 区域分布的国际性受胁鸟类：鸿雁（易危）、小白额雁（易危）、红头潜鸭（易危）、角䴙䴘（易危）、白头鹤（易危）、大杓鹬（濒危）、小青脚鹬（濒危）、大滨鹬（濒危）、黑嘴鸥（易危）、遗鸥（易危）、东方白鹳（濒危）、黑脸琵鹭（濒危）、黄嘴白鹭（易危）；

- 区内分布数量超过东亚种群 1% 的鸟类：金眶鸻、环颈鸻、铁嘴沙鸻、黑尾塍鹬、中杓鹬、大杓鹬、鹤鹬、大滨鹬、灰尾漂鹬、翘嘴鹬。

小青脚鹬（右侧两只，钱景华 摄）

（57）上海市南汇东滩（Eastern Coast of Nanhui, Shanghai）

编号：SH-06

选录标准：A1、A4i

面积：12 250 hm²

坐标：121°58′E，30°52′N

保护状况：未受到保护

地区描述：上海市南汇东滩位于上海浦东新区的东南部，呈狭长带状分布，东到东海，南到杭州湾。南汇东滩曾受到围填海的影响，自然湿地面积下降严重。区域水鸟资源十分丰富，2021年被评选为最值得关注的10块滨海湿地之一。

对鸟类的重要性：

- 区域分布的国际性受胁鸟类：鸿雁（易危）、小白额雁（易危）、红头潜鸭（易危）、中华秋沙鸭（濒危）、角䴙䴘（易危）、花田鸡（易危）、白鹤（极危）、白头鹤（易危）、勺嘴鹬（极危）、大杓鹬（濒危）、小青脚鹬（濒危）、大滨鹬（濒危）、黑嘴鸥（易危）、遗鸥（易危）、中华凤头燕鸥（极危）、东方白鹳（濒危）、黑脸琵鹭（濒危）、黄嘴白鹭（易危）；
- 区内分布数量超过东亚种群1%的鸟类：环颈鸻、蒙古沙鸻、三趾滨鹬、红颈滨鹬、黑嘴鸥、中华凤头燕鸥、黑鹳、东方白鹳、白琵鹭、黑脸琵鹭、卷羽鹈鹕。

黑鹳（摆万奇 摄）

（58）上海市奉贤海湾镇沿岸（Haiwan Coast in Fengxian, Shanghai）

编号：SH-07

选录标准：A1、A4i

面积：6800 hm^2

坐标：121°31′E，30°49′N

保护状况：未受到保护

地区描述：地处奉贤区南部，南濒杭州湾，东与临港新区相连，海岸线长25 km。沿岸滩涂湿地为大量的迁徙水鸟提供了重要的栖息生境。

对鸟类的重要性：

- 区域分布的国际性受胁鸟类：中华秋沙鸭（濒危）、红头潜鸭（易危）、角䴙䴘（易危）、黑嘴鸥（易危）、遗鸥（易危）、东方白鹳（濒危）、黑脸琵鹭（濒危）；

- 区内分布数量超过东亚种群 1% 的鸟类：环颈鸻。

环颈鸻（王建民 摄）

3.7   浙江省

浙江省沿海水鸟重要栖息地共 15 块，其中宁波市沿岸 4 块，舟山市沿岸 2 块，台州市沿岸 3 块，温州市沿岸 6 块，总面积 197 861 hm² （图 3.8）。其中受保护或部分受保护的重要栖息地 6 块，尚未得到保护的重要栖息地 9 块 （表 3.7）

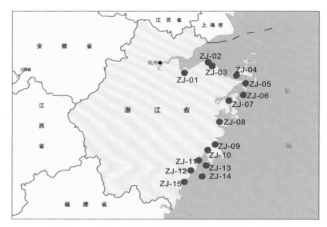

图 3.8   浙江省沿海水鸟重要栖息地分布图

表3.7   浙江省沿海水鸟重要栖息地概况

编号	名称	面积（hm²）	地块中心坐标	A1	A4i	A4iii	保护状况
ZJ-01	上虞区 - 余姚市围垦区	20 000	120°53′E，30°12′N	✓	✓		○
ZJ-02	慈溪市杭州湾湿地	36 800	121°19′E，30°20′N	✓	✓	✓	●
ZJ-03	慈溪市四灶浦水库	2 300	121°21′E，30°17′N	✓	✓		○
ZJ-04	舟山市五峙山列岛	466	121°53′E，30°13′N	✓	✓		●
ZJ-05	舟山市小干岛	330	122°14′E，29°57′N	✓			○
ZJ-06	宁波市象山韭山列岛国家级自然保护区	12 000	122°12′E，29°25′N	✓			●
ZJ-07	台州市三门湾	18 300	121°39′E，29°07′N	✓			○
ZJ-08	台州市三甲 - 金清海滨	5 500	121°33′E，28°36′N	✓	✓		○
ZJ-09	台州市漩门湾	3 200	121°14′E，28°14′N	✓			●
ZJ-10	温州市乐清湾	15 700	121°04′E，28°10′N	✓	✓		◎
ZJ-11	温州市温州湾灵昆岛	2 500	120°57′E，27°55′N	✓			○
ZJ-12	温州市温州湾永强海滨	28 800	120°49′E，27°49′N	✓	✓		○
ZJ-13	温州市洞头列岛	33 500	121°08′E，27°51′N	✓			◎
ZJ-14	温州市北麂列岛	4 465	121°06′E，27°33′N	✓	✓		○
ZJ-15	温州市鳌江飞云江沿岸	14 000	120°46′E，27°39′N	✓	✓		○

注：●受到保护；◎部分受到保护；○未受到保护

（59）上虞区 - 余姚市围垦区（Shangyu-Yuyao Coastal Reclamation Area, Shaoxing）

    编号：ZJ-01

    选录标准：A1、A4i

    面积：20 000 hm^2

    坐标：120°53′E，30°12′N

    保护状况：未受到保护

    地区描述：上虞区 - 余姚市围垦区地处杭州湾南岸，位于绍兴市上虞区至宁波市余姚市的滨海地带。区域内湿地资源以自然湿地滩涂和人工湿地鱼塘为主，为众多迁徙、越冬水鸟提供了重要的停歇地和觅食场所。曾有大量的雁鸭类和骨顶鸡在此越冬。

    对鸟类的重要性：

- 区域分布的国际性受胁鸟类：鸿雁（易危）、红头潜鸭（易危）、白枕鹤（易危）、大杓鹬（濒危）、大滨鹬（濒危）、勺嘴鹬（极危）、黑嘴鸥（易危）、遗鸥（易危）、东方白鹳（濒危）、黑脸琵鹭（濒危）、黄嘴白鹭（易危）；
- 区内分布数量超过东亚种群 1% 的鸟类：黑嘴鸥、黑脸琵鹭、卷羽鹈鹕。

上虞区 - 余姚市围垦区（钱程 摄）

（60）慈溪市杭州湾湿地（Hangzhou Bay Wetland, Cixi）

　　编号：ZJ-02

　　选录标准：A1、A4i、A4iii

　　面积：36 800 hm²

　　坐标：121°19′E，30°20′N

　　保护状况：2011 年建立杭州湾国家湿地公园。

　　地区描述：慈溪市杭州湾湿地位于浙江省北部，主要湿地类型为滩涂。丰富的底栖生物资源为大量的迁徙、越冬水鸟提供了停歇地及越冬地。本区内记录过大量的受胁水鸟，包括鸿雁、卷羽鹈鹕、黑脸琵鹭、黄嘴白鹭、黑嘴鸥、白头鹤、勺嘴鹬、小青脚鹬等。

　　对鸟类的重要性：

- 区域分布的国际性受胁鸟类：鸿雁（易危）、红头潜鸭（易危）、白枕鹤（易危）、大杓鹬（濒危）、小青脚鹬（濒危）、大滨鹬（濒危）、勺嘴鹬（极危）、黑嘴鸥（易危）、遗鸥（易危）、东方白鹳（濒危）、黑脸琵鹭（濒危）、黄嘴白鹭（易危）；
- 区内分布数量超过东亚种群 1% 的鸟类：环颈鸻、黑嘴鸥、黑脸琵鹭；
- 单次水鸟调查数量超过 20 000 只的物种：黑腹滨鹬。

慈溪市杭州湾湿地（田延浩 摄）

（61）慈溪市四灶浦水库（Sizaopu Reservoir, Cixi）

编号：ZJ-03

选录标准：A1、A4i

面积：2300 hm^2

坐标：121°21′E，30°17′N

保护状况：未受到保护

地区描述：慈溪市四灶浦水库位于杭州湾南岸。该水库较大的水域面积为众多雁形目越冬水鸟提供了重要的食物来源，是水鸟重要的越冬栖息地，每年冬季为数量庞大的罗纹鸭、赤颈鸭、琵嘴鸭、针尾鸭、凤头潜鸭、红头潜鸭、斑背潜鸭等提供越冬场所。

对鸟类的重要性：

- 区域分布的国际性受胁鸟类：中华秋沙鸭（濒危）、角䴙䴘（易危）；
- 区内分布数量超过东亚种群 1% 的鸟类：罗纹鸭。

慈溪市四灶浦水库（钱程 摄）

（62）舟山市五峙山列岛（Wuzhishan Islands, Zhoushan）

编号：ZJ-04

选录标准：A1、A4i

面积：466 hm^2

坐标：121°53′E，30°13′N

保护状况：1988 年建立五峙山列岛县级保护区；2001 年升级为舟山五峙山列岛鸟类省级自然保护区。

地区描述：舟山市五峙山列岛位于浙江省舟山半岛西北五海里处（舟山市岑港镇辖），湿地类型主要以滩涂湿地为主，区域内丰富的自然湿地资源为迁徙和繁殖水鸟提供了良好的觅食环境，水鸟物种主要包括中华凤头燕鸥、黑尾鸥、黄嘴白鹭等。

对鸟类的重要性：

• 区域分布的国际性受胁鸟类：中华凤头燕鸥（极危）、黄嘴白鹭（易危）；

• 区内分布数量超过东亚种群 1% 的鸟类：中华凤头燕鸥、黄嘴白鹭。

舟山市五峙山列岛（钱程　摄）

（63）舟山市小干岛（Xiaogan Island, Zhoushan）

编号：ZJ-05

选录标准：A1

面积：330 hm²

坐标：122°14′E，29°57′N

保护状况：未受到保护

地区描述：舟山市小干岛位于浙江省舟山群岛。湿地类型主要以淤泥质滩涂和浅滩为主，底栖生物资源丰富。为大量迁徙水鸟包括黑脸琵鹭、黄嘴白鹭、黑嘴鸥、大杓鹬、大滨鹬等提供迁徙停歇地。

对鸟类的重要性：

- 区域分布的国际性受胁鸟类：大杓鹬（濒危）、大滨鹬（濒危）、黑脸琵鹭（濒危）、黄嘴白鹭（易危）。

舟山市小干岛（倪俊鹏 摄）

（64）宁波市象山韭山列岛国家级自然保护区（Xiangshan-Jiushan Islands National Nature Reserve, Ningbo）

编号：ZJ-06

选录标准：A1、A4i

面积：12 000 hm²

坐标：122°12′E，29°25′N

保护状况：受到保护

地区描述：宁波市象山韭山列岛国家级自然保护区位于舟山群岛南端，保护区目前以主岛为中心设立核心区、缓冲区、实验区。主要生境类型为海岛、海洋。岛上部分区域是多种海鸟的繁殖地，包括黑尾鸥、中华凤头燕鸥、褐翅燕鸥等。

对鸟类的重要性：

• 区域分布的国际性受胁鸟类：中华凤头燕鸥（极危）；

• 区内分布数量超过东亚种群 1% 的鸟类：中华凤头燕鸥。

宁波市象山韭山列岛（钱程 摄）

（65）台州市三门湾（Sanmen Bay Wetland, Taizhou）

编号：ZJ-07

选录标准：A1、A4i

面积：18 300 hm²

坐标：121°39′E，29°07′N

保护状况：未受到保护

地区描述：台州市三门湾位于浙东沿海，是浙江省区域面积仅次于杭州湾的第二大海湾。主要湿地类型为淤泥质滩涂且底栖生物资源丰富，为大量的迁徙水鸟包括鸿雁、黑脸琵鹭、黄嘴白鹭、黑嘴鸥等提供重要的停歇地和越冬地。

对鸟类的重要性：

- 区域分布的国际性受胁鸟类：鸿雁（易危）、红头潜鸭（易危）、大杓鹬（濒危）、大滨鹬（濒危）、黑嘴鸥（易危）、东方白鹳（濒危）、黑脸琵鹭（濒危）、黄嘴白鹭（易危）；
- 区内分布数量超过东亚种群1%的鸟类：罗纹鸭、白腰杓鹬、黑嘴鸥、黄嘴白鹭。

白腰杓鹬（于秀波 摄）

（66）台州市三甲 - 金清海滨（Sanjia-Jinqing Coast, Taizhou）

编号：ZJ-08

选录标准：A1、A4i

面积：5500 hm²

坐标：121°33′E，28°36′N

保护状况：未受到保护

地区描述：台州市三甲 - 金清海滨位于浙江省台州市沿海。区域拥有大面积的淤泥质滩涂湿地，有记录以来，为大量的受胁物种包括鸿雁、黑脸琵鹭、黄嘴白鹭、黑嘴鸥等提供迁徙停歇地和越冬地。

对鸟类的重要性：

- 区域分布的国际性受胁鸟类：鸿雁（易危）、小白额雁（易危）、红头潜鸭（易危）、大杓鹬（濒危）、大滨鹬（濒危）、勺嘴鹬（极危）、黑嘴鸥（易危）、遗鸥（易危）、东方白鹳（濒危）、黑脸琵鹭（濒危）、黄嘴白鹭（易危）；

- 区内分布数量超过东亚种群 1% 的鸟类：黑嘴鸥、黄嘴白鹭。

台州市三甲 - 金清海滨（田延浩 摄）

（67）台州市漩门湾（Xuanmen Bay Wetland, Taizhou）

编号：ZJ-09

选录标准：A1、A4i

面积：3200 hm²

坐标：121°14′E，28°14′N

保护状况：受到保护（已成立玉环漩门湾国家湿地公园）

地区描述：台州市漩门湾位于玉环县楚门 - 玉环半岛以东。区域内湿地类型以淤泥质滩涂为主。该区域是世界易危物种黑嘴鸥在中国的主要越冬区之一。同时该区域也记录到鸿雁、东方白鹳、黑脸琵鹭、黄嘴白鹭等受胁水鸟。

对鸟类的重要性：

- 区域分布的国际性受胁鸟类：小白额雁（易危）、黑嘴鸥（易危）、东方白鹳（濒危）、黑脸琵鹭（濒危）；
- 区内分布数量超过东亚种群 1% 的鸟类：黑嘴鸥、黑脸琵鹭。

台州市漩门湾（陈严雪 摄）

（68）温州市乐清湾（Yueqing Bay, Wenzhou）

编号：ZJ-10

选录标准：A1、A4i

面积：15 700 hm²

坐标：121°04′E，28°10′N

保护状况：乐清湾内已设西门岛海洋保护区，其余滨海湿地尚未保护。

地区描述：温州市乐清湾位于浙江省南部沿海。岸线主要由淤泥质滩涂和人工海岸组成，也包括大面积的沿海滩涂养殖区域。该区域是黑脸琵鹭、黑嘴鸥等受胁物种的重要越冬地。

对鸟类的重要性：

- 区域分布的国际性受胁鸟类：鸿雁（易危）、角鸊鷉（易危）、黑嘴鸥（易危）、黑脸琵鹭（濒危）、黄嘴白鹭（易危）；
- 区内分布数量超过东亚种群 1% 的鸟类：反嘴鹬、环颈鸻、青脚鹬、黑腹滨鹬、黑嘴鸥。

角鸊鷉（陈青骞 摄）

（69）温州市温州湾灵昆岛（Lingkun Island, Wenzhou Bay, Wenzhou）

　　编号：ZJ-11

　　选录标准：A1、A4i

　　面积：2500 hm^2

　　坐标：120°57′E，27°55′N

　　保护状况：未受到保护

　　地区描述：温州市温州湾灵昆岛是湿地围垦后形成的内塘和大堤外的滩涂湿地。该区域是候鸟重要的迁徙越冬地，本区内曾记录过长尾鸭、斑脸海番鸭、红喉潜鸟、暗绿背鸬鹚、灰瓣蹼鹬、彩鹮、白斑军舰鸟等濒危或罕见的水鸟。

　　对鸟类的重要性：

- 区域分布的国际性受胁鸟类：鸿雁（易危）、红头潜鸭（易危）、长尾鸭（易危）、大杓鹬（濒危）、大滨鹬（濒危）、黑嘴鸥（易危）、东方白鹳（濒危）、黑脸琵鹭（濒危）、黄嘴白鹭（易危）；

- 区内分布数量超过东亚种群1%的鸟类：反嘴鹬、环颈鸻、铁嘴沙鸻、黑尾塍鹬、白腰杓鹬、青脚鹬、大滨鹬、红腹滨鹬、尖尾滨鹬、阔嘴鹬、黑嘴鸥、普通鸬鹚、黑脸琵鹭。

温州市温州湾灵昆岛（田延浩 摄）

（70）温州市温州湾永强海滨（Yongqiang Coast, Wenzhou Bay, Wenzhou）

编号：ZJ-12

选录标准：A1、A4i

面积：28 800 hm²

坐标：120°49′E，27°49′N

保护状况：未受到保护

地区描述：温州市温州湾永强海滨湿地主要以沿海滩涂湿地为主。为大量东亚-澳大利西亚候鸟迁徙路线上的水鸟提供了停歇地及越冬地。有记录以来，记录到包括勺嘴鹬、青头潜鸭、黑脸琵鹭等受胁物种。

对鸟类的重要性：

- 区域分布的国际性受胁鸟类：鸿雁（易危）、小白额雁（易危）、红头潜鸭（易危）、青头潜鸭（极危）、长尾鸭（易危）、角鸊鷉（易危）、白枕鹤（易危）、大杓鹬（濒危）、小青脚鹬（濒危）、大滨鹬（濒危）、勺嘴鹬（极危）、黑嘴鸥（易危）、遗鸥（易危）、东方白鹳（濒危）、黑脸琵鹭（濒危）、黄嘴白鹭（易危）；

- 区内分布数量超过东亚种群1%的鸟类：翘鼻麻鸭、罗纹鸭、红头潜鸭、青头潜鸭、凤头潜鸭、反嘴鹬、金眶鸻、灰斑鸻、环颈鸻、蒙古沙鸻、铁嘴沙鸻、黑尾塍鹬、白腰杓鹬、鹤鹬、青脚鹬、小青脚鹬、大滨鹬、红腹滨鹬、红颈滨鹬、勺嘴鹬、长趾滨鹬、尖尾滨鹬、阔嘴鹬、弯嘴滨鹬、黑腹滨鹬、黑嘴鸥、黑鹳、普通鸬鹚、黑脸琵鹭、黄嘴白鹭、卷羽鹈鹕。

黑鹳（摆万奇 摄）

（71）温州市洞头列岛（Dongtou Island, Wenzhou）

编号：ZJ-13

选录标准：A1、A4i

面积：33 500 hm²

坐标：121°08′E，27°51′N

保护状况：2011 年设温州洞头南北爿山省级海洋特别保护区，其余区域无保护。

地区描述：温州市洞头列岛湿地资源主要以潮间带滩涂湿地为主。是重要鸟类黄嘴白鹭和黑尾鸥等重要的繁殖地。

对鸟类的重要性：

- 区域分布的国际性受胁鸟类：黄嘴白鹭（易危）；
- 区内分布数量超过东亚种群 1% 的鸟类：黑尾鸥、褐翅燕鸥、黑枕燕鸥、黄嘴白鹭。

褐翅燕鸥（陈青骞 摄）

（72）温州市北麂列岛（Beiji Islands, Wenzhou）

编号：ZJ-14

选录标准：A1、A4i

面积：4465 hm²

坐标：121°06′E，27°33′N

保护状况：未受到保护

地区描述：温州市北麂列岛鸟类资源丰富，包括蛎鹬、翻石鹬、灰尾漂鹬等水鸟常在迁徙季节停留。该区域受人为干扰较大，常有捡拾鸟蛋的行为发生。

对鸟类的重要性：

- 区域分布的国际性受胁鸟类：中华凤头燕鸥（极危）；
- 区内分布数量超过东亚种群 1% 的鸟类：中华凤头燕鸥、褐翅燕鸥。

中华凤头燕鸥（郑鼎 摄）

（73）温州市鳌江飞云江沿岸（Coast Between Ao River and Feiyun River, Wenzhou）

编号：ZJ-15

选录标准：A1、A4i

面积：14 000 hm²

坐标：120°46′E，27°39′N

保护状况：未受到保护

地区描述：温州市鳌江飞云江沿岸湿地资源丰富，主要以滩涂湿地为主，也包括部分水塘。该区域是黑脸琵鹭等濒危水鸟重要的越冬地与停歇地。

对鸟类的重要性：

- 区域分布的国际性受胁鸟类：黑脸琵鹭（濒危）、黄嘴白鹭（易危）；
- 区内分布数量超过东亚种群1%的鸟类：反嘴鹬、灰斑鸻、白腰杓鹬、黑腹滨鹬。

反嘴鹬（王建民 摄）

3.8 福建省

福建省沿岸共有水鸟重要栖息地18块。其中福州市7块，厦门市1块，宁德市2块，泉州市6块，莆田市1块，漳州市1块，总面积80 309 hm²（图3.9）。其中受保护的重要栖息地5块，尚未得到保护的栖息地13块（表3.8）。

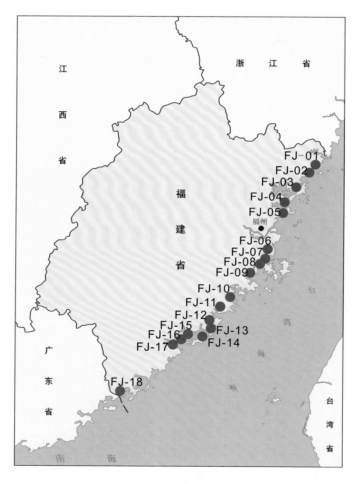

图 3.9　福建省沿海水鸟重要栖息地分布图

表3.8　福建省沿海水鸟重要栖息地概况

编号	名称	面积（hm²）	地块中心坐标	A1	A4i	A4iii	保护状况
FJ-01	宁德市福宁湾	13 780	120°07′E，26°51′N	✓	✓		●
FJ-02	宁德市霞浦东吴洋湾	10 000	119°58′E，26°43′N	✓			○
FJ-03	福州市罗源湾	5 218	119°40′E，26°23′N	✓	✓		○
FJ-04	福州市琅歧	9 200	119°35′E，26°06′N	✓			○
FJ-05	福州市闽江口	3 129	119°39′E，26°02′N	✓	✓		●
FJ-06	福州市东湖湿地公园	1 485	119°34′E，25°48′N	✓	✓		●
FJ-07	福州市福清海口盐场	60	119°29′E，25°41′N	✓			○
FJ-08	福州市福清湾	5 582	119°28′E，25°39′N	✓			○
FJ-09	福州市兴化湾	1 200	119°22′E，25°28′N	✓			○
FJ-10	莆田市湄洲湾	3 205	118°57′E，25°15′N		✓		●
FJ-11	泉州市祥芝	1 579	118°43′E，24°67′N	✓			○
FJ-12	泉州市泉州湾	7 008	118°40′E，24°51′N	✓	✓		●
FJ-13	泉州市围头湾	300	118°43′E，24°48′N	✓			○
FJ-14	晋江市深沪湾	2 700	118°39′E，24°39′N	✓			○
FJ-15	泉州市江崎	44	118°26′E，24°39′N	✓			○
FJ-16	泉州市淘江	666	118°22′E，24°35′N	✓	✓		○
FJ-17	厦门市大嶝岛	1 300	118°19′E，24°33′N	✓	✓		○
FJ-18	漳州市诏安湾	13 853	117°19′E，23°41′N		✓		○

注：●受到保护；○未受到保护

（74）宁德市福宁湾（Funing Bay, Ningde）

编号：FJ-01

选录标准：A1、A4i

面积：13 780 hm^2

坐标：120°07′E，26°51′N

保护状况：1997 年由霞浦县建立县级保护区

地区描述：行政区划属福建省宁德市，湿地类型丰富，是众多水鸟重要的栖息地。

对鸟类的重要性：

- 区域分布的国际性受胁鸟类：大杓鹬（濒危）；
- 区内分布数量超过东亚种群 1% 的鸟类：大杓鹬。

大杓鹬（薛琳 摄）

（75）宁德市霞浦东吴洋湾（Wuyang Bay in Xiapu, Ningde）

编号：FJ-02

选录标准：A1

面积：10 000 hm²

坐标：119°58′E，26°43′N

保护状况：未受到保护

地区描述：霞浦东吴洋湾位于福建省宁德市。湾区拥有大量的沿海滩涂湿地，区域拥有丰富的野生动植物资源，是众多迁徙水鸟重要的栖息地。区域内拥有全球受胁物种黑嘴鸥。

对鸟类的重要性：

• 区域分布的国际性受胁鸟类：黑嘴鸥（易危）。

黑嘴鸥（田继光 摄）

（76）福州市罗源湾（Luoyuan Bay, Fuzhou）

编号：FJ-03

选录标准：A1、A4i

面积：5218 hm²

坐标：119°40′E，26°23′N

保护状况：未受到保护。

地区描述：福州市罗源湾位于福建省东北部。湿地资源极其丰富，主要包括浅海水域、岩石海岸、淤泥质海滩、潮间盐水沼泽、河口水域、三角洲 / 沙岛、人工湿地水库和水产养殖区域。是众多迁徙水鸟的觅食地。

对鸟类的重要性：

- 区域分布的国际性受胁鸟类：鸿雁（易危）、大杓鹬（濒危）、黑脸琵鹭（濒危）；
- 区内分布数量超过东亚种群 1% 的鸟类：黑脸琵鹭、卷羽鹈鹕。

卷羽鹈鹕（郑鼎 摄）

（77）福州市琅歧（**Langqi Island, Fuzhou**）

编号：FJ-04

选录标准：A1

面积：9200 hm^2（全岛面积）

坐标：119°35′E，26°06′N

保护状况：未受到保护

地区描述：福州市琅歧位于福州市马尾区琅岐镇。区域内湿地资源丰富，以滩涂湿地为主，湿地面积约 37 km^2，是全球濒危物种黑脸琵鹭重要的越冬场所。

对鸟类的重要性：

• 区域分布的国际性受胁鸟类：黑脸琵鹭（濒危）。

福州市琅歧（高川 摄）

（78）福州市闽江口（Minjiang Estuary, Fuzhou）

编号：FJ-05

选录标准：A1、A4i

面积：3129 hm^2

坐标：119°39′E，26°02′N

保护状况：2014年设立闽江河口湿地国家级自然保护区

地区描述：福州市闽江口是福建省典型的滨海湿地生态系统，生物多样性丰富。有大量的雁鸭类、鸻鹬类和鸥类在此繁殖、停歇和越冬，数量超过5万只。

对鸟类的重要性：

- 区域分布的国际性受胁鸟类：鸿雁（易危）、青头潜鸭（极危）、大滨鹬（濒危）、大杓鹬（濒危）、小青脚鹬（濒危）、勺嘴鹬（极危）、黑嘴鸥（易危）、遗鸥（易危）、中华凤头燕鸥（极危）、黑脸琵鹭（濒危）、黄嘴白鹭（易危）；

- 区内分布数量超过东亚种群1%的鸟类：反嘴鹬、环颈鸻、铁嘴沙鸻、白腰杓鹬、翘嘴鹬、三趾滨鹬、勺嘴鹬、黑腹滨鹬、中华凤头燕鸥、黑脸琵鹭。

福州市闽江口（高川 摄）

（79）福州市东湖湿地公园（Donghu Wetland Park, Fuzhou）

编号：FJ-06

选录标准：A1、A4i

面积：1485 hm²

坐标：119°34′E，25°48′N

保护状况：受到保护

地区描述：福州市东湖湿地公园位于福州滨海新城中南部，主要水体包括文武砂水库及外文武砂水库，区域内湿地资源为包括鸬鹚、野鸭、白鹭等提供栖息场所。

对鸟类的重要性：

- 区域分布的国际性受胁鸟类：鸿雁（易危）、小白额雁（易危）、小青脚鹬（濒危）、勺嘴鹬（极危）、黑嘴鸥（易危）、中华凤头燕鸥（极危）、东方白鹳（濒危）、黑脸琵鹭（濒危）、黄嘴白鹭（易危）；
- 区内分布数量超过东亚种群 1% 的鸟类：小青脚鹬、红腹滨鹬、黑腹滨鹬。

福州市东湖湿地公园（高川 摄）

（80）福州市福清海口盐场（Fuqing Haikou Saltworks, Fuzhou）

编号：FJ-07

选录标准：A1

面积：60 hm^2

坐标：119°29′E，25°41′N

保护状况：未受到保护

地区描述：位于福建省福清市海口镇斗垣村，地处龙江入海口，东南临福清湾。福清海口盐场区域内自然湿地和人工湿地盐田资源丰富，为众多东亚 - 澳大利西亚候鸟迁徙路线上的水鸟提供了重要的停歇地和越冬地

对鸟类的重要性：

• 区域分布的国际性受胁鸟类：黑嘴鸥（易危）。

福州市福清海口盐场（郑鼎 摄）

（81）福州市福清湾（Fuqing Bay Wetland, Fuzhou）

编号：FJ-08

选录标准：A1、A4i

面积：5582 hm²

坐标：119°28′E，25°39′N

保护状况：未受到保护。

地区描述：福州市福清湾湿地主要包括海口农场、八尺岛等滩涂湿地。湿地资源以滩涂湿地为主，吸引大量的迁徙水鸟来此停歇、越冬。曾记录到濒危物种中华秋沙鸭、黑脸琵鹭等。

对鸟类的重要性：

- 区域分布的国际性受胁鸟类：中华秋沙鸭（濒危）、黑脸琵鹭（濒危）；
- 区内分布数量超过东亚种群 1% 的鸟类：黑腹滨鹬、普通鸬鹚。

普通鸬鹚（摆万奇 摄）

（82）福州市兴化湾（**Xinghua Bay, Fuzhou**）

编号：FJ-09

选录标准：A1、A4i

面积：1200 hm²

坐标：119°22′E，25°28′N

保护状况：未受到保护

地区描述：福州市兴化湾位于福建省沿海中段。滩涂湿地资源丰富，为迁徙水鸟中华秋沙鸭、黑脸琵鹭、小天鹅、黑嘴鸥、东方白鹳等珍稀濒危物种提供重要的栖息生境。其中黑脸琵鹭最高数量近 100 只，是我国最大的黑脸琵鹭越冬地，黑嘴鸥数量超过 200 只。

对鸟类的重要性：

- 区域分布的国际性受胁鸟类：中华秋沙鸭（濒危）、黑嘴鸥（易危）、东方白鹳（濒危）、黑脸琵鹭（濒危）；
- 区内分布数量超过东亚种群 1% 的鸟类：黑脸琵鹭。

福州市兴化湾（林植 摄）

（83）莆田市湄洲湾（Meizhou Bay, Putian）

    编号：FJ-10

    选录标准：A1、A4i

    面积：3205 hm²

    坐标：118°57′E，25°15′N

    保护状况：已建立省级自然保护区

    地区描述：莆田市湄洲湾位于福建省莆田市中心东南 42 km。主要的湿地类型包括红树林、农田和池塘等。主要分布有黑腹滨鹬、白腰杓鹬、黑嘴鸥等鸻鹬类和鸥类越冬水禽 4000 只以上，停歇水禽 7000 只以上。

    对鸟类的重要性：

- 区域分布的国际性受胁鸟类：黑嘴鸥（易危）、黑脸琵鹭（濒危）；
- 区内分布数量超过东亚种群 1% 的鸟类：白腰杓鹬、黑嘴鸥。

莆田市湄洲湾（新华社供图）

（84）泉州市祥芝（Xiangzhi Coast, Quanzhou）

编号：FJ-11

选录标准：A1

面积：1579 hm²

坐标：118°43′E，24°67′N

保护状况：未受到保护

地区描述：位于泉州湾口，地处石狮市东北部，海岸线长 12.9 km。湾口的湿地资源丰富，且食物资源也很丰富，能够为东亚 - 澳大利西亚候鸟迁徙路线上的迁徙水鸟提供重要的生存越冬生境。

对鸟类的重要性：

- 区域分布的国际性受胁鸟类：黑嘴鸥（易危）、黑脸琵鹭（濒危）。

泉州市祥芝（林植 摄）

（85）泉州市泉州湾（Quanzhou Bay, Quanzhou）

编号：FJ-12

选录标准：A1、A4i

面积：7008 hm^2

坐标：118°40′E，24°51′N

保护状况：2003 年建立泉州湾河口湿地省级自然保护区

地区描述：泉州市泉州湾位于晋江和洛阳江入海口。典型的湿地类型包括河口湿地和海湾，湿地生态系统结构复杂多样，拥有大面积的红树林，支撑着多种水鸟白腰杓鹬、黑嘴鸥等在此越冬。

对鸟类的重要性：

- 区域分布的国际性受胁鸟类：大杓鹬（濒危）、黑嘴鸥（易危）、黑脸琵鹭（濒危）；
- 区内分布数量超过东亚种群 1% 的鸟类：环颈鸻、铁嘴沙鸻、白腰杓鹬、灰尾漂鹬、翘嘴鹬、三趾滨鹬、黑腹滨鹬、黑嘴鸥、黑脸琵鹭。

灰尾漂鹬（蔡挺 摄）

（86）泉州市围头湾（**Weitou Bay, Quanzhou**）

　　编号：FJ-13

　　选录标准：A1

　　面积：300 hm²

　　坐标：118°43′E，24°48′N

　　保护状况：未受到保护

　　地区描述：围头湾位于福建省海岸东南部、台湾海峡西岸，与金门岛隔海相望。围头湾沿岸拥有非常丰富的滩涂湿地资源，为众多迁徙水鸟提供了重要的越冬场所。

　　对鸟类的重要性：

- 区域分布的国际性受胁鸟类：中华凤头燕鸥（极危）。

泉州市围头湾（王小龙 摄）

（87）晋江市深沪湾（Shenhu Bay, Jinjiang）

编号：FJ-14

选录标准：A1

面积：2700 hm²

坐标：118°39′E，24°39′N

保护状况：未受到保护

地区描述：晋江市深沪湾位于东亚文化之都，晋江东南海滨。湾区内的大面积滩涂湿地为众多濒危水鸟（如黑嘴鸥）等提供重要的停歇地。

对鸟类的重要性：

- 区域分布的国际性受胁鸟类：黑嘴鸥（易危）。

晋江市深沪湾（黄清贫 摄）

（88）泉州市江崎（Jiangqi Wetland, Quanzhou）

编号：FJ-15

选录标准：A1

面积：44 hm^2

坐标：118°26′E，24°39′N

保护状况：未受到保护

地区描述：泉州市江崎湿地类型以滩涂和盐场为主。复杂的湿地类型为大量的迁徙水鸟勺嘴鹬等提供觅食地。

对鸟类的重要性：

- 区域分布的国际性受胁鸟类：大杓鹬（濒危）、小青脚鹬（濒危）、大滨鹬（濒危）、勺嘴鹬（极危）、黑脸琵鹭（濒危）。

勺嘴鹬（程立 摄）

（89）泉州市洵江（Jujiang Wetland, Quanzhou）

  编号：FJ-16

  选录标准：A1、A4i

  面积：666 hm^2

  坐标：118°22′E，24°35′N

  保护状况：未受到保护

  地区描述：泉州市洵江位于福建省泉州南安市石井镇政府驻地西南 9 km 处。海水水域宽阔，滩涂湿地资源丰富，是反嘴鹬、大杓鹬等众多迁徙水鸟重要的越冬场所。

  对鸟类的重要性：

- 区域分布的国际性受胁鸟类：鸿雁（易危）、大杓鹬（濒危）、小青脚鹬（濒危）、大滨鹬（濒危）、勺嘴鹬（极危）、东方白鹳（濒危）、黑脸琵鹭（濒危）、黄嘴白鹭（易危）；

- 区内分布数量超过东亚种群 1% 的鸟类：反嘴鹬、黑尾塍鹬、小青脚鹬、勺嘴鹬、阔嘴鹬、黑腹滨鹬、白琵鹭。

黑尾塍鹬（田继光 摄）

（90）厦门市大嶝岛（Dadeng Island, Xiamen）

编号：FJ-17

选录标准：A1、A4i

面积：1300 hm²

坐标：118°19′E，24°33′N

保护状况：未受到保护

地区描述：大嶝岛位于福建省厦门市翔安区的东南海面，与旁边的小嶝和角屿一起称作"大嶝三岛"。大嶝岛沿岸丰富的湿地资源尤其是滩涂湿地资源为迁徙水鸟提供了重要的觅食环境和迁徙停歇地。

对鸟类的重要性：

- 区域分布的国际性受胁鸟类：大滨鹬（濒危）、黄嘴白鹭（易危）；

- 区内分布数量超过东亚种群 1% 的鸟类：铁嘴沙鸻、阔嘴鹬、黑腹滨鹬。

阔嘴鹬（王建民　摄）

（91）漳州市诏安湾（Zhao'an Bay, Zhangzhou）

编号：FJ-18

选录标准：A4i

面积：13 853 hm²

坐标：117°19′E，23°41′N

保护状况：未受到保护

地区描述：漳州市诏安湾地处福建省诏安县。湾内湿地资源丰富，其中越冬水鸟有记录达5000只、迁徙水禽9000只。夏季燕鸥类数量达6000只。

对鸟类的重要性：

• 区内分布数量超过东亚种群1%的鸟类：普通燕鸥。

普通燕鸥（薛琳 摄）

3.9 广东省

广东省沿岸共有水鸟重要栖息地23块。其中，湛江市4块，广州市2块，珠海市3块，江门市1块，汕尾市1块，深圳市2块，汕头市5块，阳江市2块，惠州市2块，茂名市1块，总面积96 925.83 hm²（图3.10）。其中受保护或部分受保护重要栖息地10块，尚未得到保护的重要栖息地13块（表3.9）。

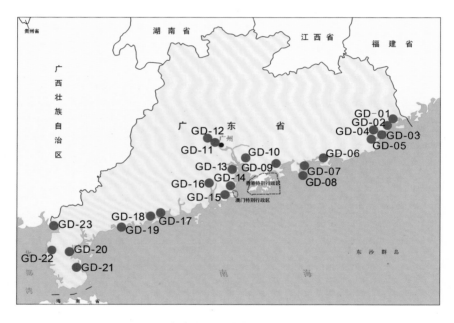

图 3.10　广东省沿海水鸟重要栖息地分布图

表3.9 广东省沿海水鸟重要栖息地概况

编号	名称	面积（hm²）	地块中心坐标	A1	A4i	A4iii	保护状况
GD-01	汕头市澄海六合围	800	116°52′E，23°28′N	✓	✓		○
GD-02	汕头市韩江出海口湿地	10 000	116°49′E，23°24′N	✓	✓		○
GD-03	汕头市濠江青洲盐场	330	116°45′E，23°16′N	✓	✓		○
GD-04	汕头市濠江区苏埃湾澳头	13.33	116°43′E，23°17′N	✓			◎
GD-05	汕头市濠江华里村湿地	250	116°41′E，23°15′N	✓	✓		○
GD-06	汕尾市海丰大湖和公平水库	11 591	115°19′E，22°52′N	✓			●
GD-07	惠州市惠东盐洲岛	360	114°58′E，22°40′N	✓			●
GD-08	惠州市大亚湾红树林城市湿地公园	176	114°32′E，22°44′N	✓			●
GD-09	深圳市华侨城国家湿地公园	68.5	113°59′E，22°32′N	✓			●
GD-10	深圳市福田红树林保护区及深圳湾	368	114°02′E，22°52′N	✓			●
GD-11	广州市海珠湿地	1 100	113°20′E，23°04′N	✓			●
GD-12	广州市南沙湿地	667	113°15′E，23°07′N	✓			○
GD-13	珠海市淇澳岛红树林自然保护区	5 104	113°37′E，22°25′N	✓			●
GD-14	珠海市四沙岛	18	113°32′E，22°05′N	✓	✓		○
GD-15	珠海市三灶	5 000	113°21′E，22°03′N	✓			○
GD-16	江门市新会银湖湾湿地公园	6 600	113°04′E，22°08′N	✓	✓		●
GD-17	阳江市海陵大堤湿地	1 480	111°55′E，21°41′N	✓			○
GD-18	阳江市溪头	4 000	111°46′E，21°36′N	✓			○
GD-19	茂名市博贺湾	1 900	111°18′E，21°27′N	✓			○
GD-20	湛江市雷州湾湿地	30 000	110°10′E，20°51′N	✓	✓		○
GD-21	湛江市徐闻外罗港和新寮岛	8 000	110°27′E，20°40′N	✓	✓		○
GD-22	湛江市雷州半岛西海岸滨海湿地群	8 100	109°43′E，20°53′N	✓	✓		○
GD-23	湛江市高桥红树林湿地	1 000	109°46′E，21°31′N	✓			●

注：●受到保护；◎部分受到保护；○未受到保护

（92）汕头市澄海六合围（Liuhewei in Chenghai, Shantou）

编号：GD-01

选录标准：A1、A4i

面积：800 hm²

坐标：116°52′E，23°28′N

保护状况：未受到保护

地区描述：南亚热带季风气候，阳光充足，雨量充沛，该区域湿地资源丰富，是众多迁徙水鸟停歇、越冬的重要场所。

对鸟类的重要性：

- 区域分布的国际性受胁鸟类：黄嘴白鹭（易危）、勺嘴鹬（极危）、大杓鹬（濒危）；
- 区内分布数量超过东亚种群 1% 的鸟类：黄嘴白鹭。

大杓鹬（田继光 摄）

（93）汕头市韩江出海口湿地（Hanjiang Estuary Wetland, Shantou）

编号：GD-02

选录标准：A1、A4i

面积：10 000 hm²

坐标：116°49′E，23°24′N

保护状况：未受到保护

地区描述：汕头韩江出海口湿地地势较低，拥有大面积的沿海滩涂湿地，是众多迁徙水鸟越冬的良好场所。

对鸟类的重要性：

- 区域分布的国际性受胁鸟类：勺嘴鹬（极危）、中华凤头燕鸥（极危）；
- 区内分布数量超过东亚种群 1% 的鸟类：环颈鸻、黑腹滨鹬。

汕头市韩江出海口湿地（郑康华 摄）

（94）汕头市濠江青洲盐场（Qingzhou Saltworks in Haojiang, Shantou）

编号：GD-03

选录标准：A1、A4i

面积：330 hm²

坐标：116°45′E，23°16′N

保护状况：未受到保护

地区描述：汕头市濠江青洲盐场于1958年建成。是迁徙水鸟重要的停歇地。记录到大滨鹬、大杓鹬、勺嘴鹬等众多濒危水鸟。

对鸟类的重要性：

- 区域分布的国际性受胁鸟类：大杓鹬（濒危）、大滨鹬（濒危）、勺嘴鹬（极危）、黑脸琵鹭（濒危）、黄嘴白鹭（易危）；
- 区内分布数量超过东亚种群1%的鸟类：黑脸琵鹭。

黄嘴白鹭（郑鼎　摄）

（95）汕头市濠江区苏埃湾澳头（Aotou Mangrove Wetland, Shantou）

　　编号：GD-04

　　选录标准：A1、A4i

　　面积：13.33 hm²

　　坐标：116°43′E，23°17′N

　　保护状况：部分受到保护，设有观鸟台

　　地区描述：汕头市濠江区苏埃湾澳头地处珠江三角洲经济区，位于惠州大亚湾畔，湿地资源丰富，主要以滩涂湿地为主，大量的鱼、虾、螃蟹、贝类为数万只迁徙候鸟提供觅食场所。

　　对鸟类的重要性：

- 区域分布的国际性受胁鸟类：黄嘴白鹭（易危）、小青脚鹬（濒危）；
- 区内分布数量超过东亚种群 1% 的鸟类：黄嘴白鹭。

小青脚鹬（蔡挺 摄）

（96）汕头市濠江华里村湿地（Hualicun Wetland in Haojiang, Shantou）

编号：GD-05

选录标准：A1、A4i

面积：250 hm²

坐标：116°41′E，23°15′N

保护状况：未受到保护

地区描述：汕头市濠江华里村湿地类型以抛荒芦苇塘为主，为较多黑脸琵鹭在此越冬提供场所。

对鸟类的重要性：

- 区域分布的国际性受胁鸟类：黑脸琵鹭（濒危）；
- 区内分布数量超过东亚种群 1% 的鸟类：黑脸琵鹭。

黑脸琵鹭（右侧，田继光 摄）

（97）汕尾市海丰大湖和公平水库（Dahu & Gongping Reservoir in Haifeng, Shanwei）

编号：GD-06

选录标准：A1、A4i

面积：11 591 hm²

坐标：115°19′E，22°52′N

保护状况：1998 年建立省级自然保护区。

地区描述：汕尾市海丰大湖和公平水库位于中国南部汕尾市沿海地区，区域内珍稀水鸟黑脸琵鹭、卷羽鹈鹕种群数量较多，是众多迁徙水鸟重要的越冬场所。

对鸟类的重要性：

- 区域分布的国际性受胁鸟类：黄嘴白鹭（易危）、黑脸琵鹭（濒危）、大滨鹬（濒危）、勺嘴鹬（极危）、黑嘴鸥（易危）、大杓鹬（濒危）；
- 区内分布数量超过东亚种群 1% 的鸟类：黑腹滨鹬、鹤鹬、黄嘴白鹭、黑脸琵鹭。

海丰湿地（张高峰 摄）

（98）惠州市惠东盐洲岛（Yanzhou Island in Huidong, Huizhou）

编号：GD-07

选录标准：A4i

面积：360 hm^2

坐标：114°58′E，22°40′N

保护状况：盐洲岛是惠东红树林市级自然保护区的组成部分，1999 年建立县级自然保护区，2000 年升级为市级自然保护区。

地区描述：惠州市惠东盐洲岛位于惠州市惠东县黄埠镇南部。湿地类型复杂多样，主要有红树林、潮间带湿地、鱼塘、盐田湿地等。是大量的迁徙鸻鹬类水鸟重要的停歇地，也是数千只鹭类的关键繁殖地。

对鸟类的重要性：

• 区内分布数量超过东亚种群 1% 的鸟类：大白鹭。

大白鹭（张高峰 摄）

（99）惠州市大亚湾红树林城市湿地公园（Dayawan Mangrove Urban Wetland Park, Huizhou）

编号：GD-08

选录标准：A1

面积：176 hm^2

坐标：114°32′E，22°44′N

保护状况：受到保护

地区描述：惠州市大亚湾红树林城市湿地公园位于惠州大亚湾区的中心区。公园内湿地类型多样，红树林面积庞大。是濒危物种黑脸琵鹭重要的越冬场所，也是黑翅长脚鹬和白脸鸻的南方繁殖地。

对鸟类的重要性：

• 区域分布的国际性受胁鸟类：黑脸琵鹭（濒危）。

黑脸琵鹭（卢国成 摄）

（100）深圳市华侨城国家湿地公园（OCT Wetland Park, Shenzhen）

编号：GD-09

选录标准：A1

面积：68.5 hm²

坐标：113°59′E，22°32′N

保护状况：2020 年建立华侨城国家湿地公园。

地区描述：深圳市华侨城国家湿地公园地处珠江口深圳湾北岸，毗邻香港米埔自然保护区和福田红树林保护区。湿地类型有典型的滨海红树林、滩涂湿地和芦苇荡。有记录以来该区域记录到水鸟 67 种，其中国家 II 级重点保护野生鸟类 10 种。

对鸟类的重要性：

- 区域分布的国际性受胁鸟类：黑脸琵鹭（濒危）、大滨鹬（濒危）。

大滨鹬（蔡欣然 摄）

（101）深圳市福田红树林保护区及深圳湾（Futian Mangrove Forest Reserve & Shenzhen Bay, Shenzhen）

编号：GD-10

选录标准：A1、A4i

面积：368 hm^2

坐标：114°02′E，22°52′N

保护状况：部分区域属广东内伶仃岛 - 福田国家级自然保护区的福田片区。

地区描述：深圳市福田红树林保护区及深圳湾位于深圳河的入海口，毗邻香港米埔自然保护区。有红树林、滩涂和鱼塘等湿地类型。每年为大量的黑脸琵鹭、反嘴鹬、红嘴鸥等提供重要的觅食场所。

对鸟类的重要性：

- 区域分布的国际性受胁鸟类：红头潜鸭（易危）、大杓鹬（濒危）、小青脚鹬（濒危）、大滨鹬（濒危）、黑嘴鸥（易危）、东方白鹳（濒危）、黑脸琵鹭（濒危）、黄嘴白鹭（易危）；
- 区内分布数量超过东亚种群 1% 的鸟类：凤头潜鸭、反嘴鹬、黑尾塍鹬、红脚鹬、弯嘴滨鹬、普通鸬鹚、黑脸琵鹭。

红脚鹬（王建民 摄）

（102）广州市海珠湿地（Haizhu Wetland, Guangzhou）

编号：GD-11

选录标准：A1

面积：1100 hm²

坐标：113°20′E，23°04′N

保护状况：2015 年，海珠湿地成为广州市第一个国家湿地公园。

地区描述：广州市海珠湿地位于广州市核心城区海珠区东南部。海珠湿地属于典型的江心洲与河流、涌沟、果林镶嵌而成的复合湿地系统。湿地资源丰富，是众多迁徙水鸟重要越冬地。

对鸟类的重要性：

• 区域分布的国际性受胁鸟类：黑脸琵鹭（濒危）。

广州市海珠湿地（新华社供图）

（103）广州市南沙湿地（Nansha Wetland, Guangzhou）

　　编号：GD-12

　　选录标准：A1

　　面积：667 hm²

　　坐标：113°15′E，23°07′N

　　保护状况：未受到保护。

　　地区描述：广州市南沙湿地位于珠江三角洲几何中心，区域内湿地类型以滨海河口湿地为主。有记录以来，多种水鸟包括黑脸琵鹭、东方白鹳等在此越冬。

　　对鸟类的重要性：

- 区域分布的国际性受胁鸟类：黑脸琵鹭（濒危）、东方白鹳（濒危）、大杓鹬（濒危）。

大杓鹬（前侧，田继光 摄）

（104）珠海市淇澳岛红树林自然保护区（Qi'ao Island Mangrove Forest Nature Reserve, Zhuhai）

编号：GD-13

选录标准：A1

面积：5104 hm^2

坐标：113°37′E，22°25′N

保护状况：淇澳岛红树林自然保护区是广东珠海淇澳 - 担杆岛省级自然保护区的核心区之一。

地区描述：淇澳岛红树林位于广东省珠海市淇澳岛西北部，处于珠江入海口西侧。主要保护对象为红树林湿地生态系统，每年迁徙和越冬季节，有大量的候鸟在此栖息停留。

对鸟类的重要性：

• 区域分布的国际性受胁鸟类：红头潜鸭（易危）、大滨鹬（濒危）、黑脸琵鹭（濒危）。

红头潜鸭（雨燕 摄）

（105）珠海市四沙岛（Sisha Island, Zhuhai）

编号：GD-14

选录标准：A1、A4i

面积：18 hm²

坐标：113°32′E，22°05′N

保护状况：未受到保护

地区描述：珠海市四沙岛位于三灶镇东侧海域交杯岛和横琴岛之间。主要的湿地类型为滩涂湿地，迁徙和越冬季节支撑着大滨鹬等迁徙水鸟在此栖息。

对鸟类的重要性：

• 区域分布的国际性受胁鸟类：大滨鹬（濒危）、黑脸琵鹭（濒危）；

• 区内分布数量超过东亚种群 1% 的鸟类：红嘴巨燕鸥。

红嘴巨燕鸥（程立 摄）

（106）珠海市三灶（Sanzao Wetland, Zhuhai）

编号：GD-15

选录标准：A1

面积：5000 hm²

坐标：113°21′E，22°03′N

保护状况：未受到保护

地区描述：珠海市三灶地处珠海西部的金湾区。湿地类型以滩涂为主，同时伴有鱼塘、水库等。该区域候鸟较为集中，其中有濒危物种黑脸琵鹭和黄嘴白鹭。

对鸟类的重要性：

• 区域分布的国际性受胁鸟类：黑脸琵鹭（濒危）、黄嘴白鹭（易危）。

珠海市三灶（新华社供图）

（107）江门市新会银湖湾湿地公园（Yinhu Bay Wetland Park, Xinhui, Jiangmen）

编号：GD-16

选录标准：A1、A4i

面积：6600 hm²

坐标：113°04′E，22°08′N

保护状况：湿地公园

地区描述：江门市新会银湖湾湿地公园位于银湖出海口西侧，每年冬季都有大量的黑脸琵鹭、黑嘴鸥、鸭类和鸬鹚在此越冬。

对鸟类的重要性：

- 区域分布的国际性受胁鸟类：大杓鹬（濒危）、黑嘴鸥（易危）、黑脸琵鹭（濒危）、黄嘴白鹭（易危）；
- 区内分布数量超过东亚种群 1% 的鸟类：黑嘴鸥、黑脸琵鹭。

大杓鹬（右侧，陈青骞 摄）

（108）阳江市海陵大堤湿地（Hailing Embankment Wetland, Yangjiang）

编号：GD-17

选录标准：A1、A4i

面积：1480 hm^2

坐标：111°55′E，21°41′N

保护状况：未受到保护

地区描述：阳江市海陵大堤湿地位于阳江高新区和海陵岛之间，是广东省最长的连陆大堤。每年迁徙季有大量的鸻鹬类和鹭类在此越冬。2020 年初记录到 60 只越冬黑脸琵鹭。

对鸟类的重要性：

- 区域分布的国际性受胁鸟类：大滨鹬（濒危）、黑脸琵鹭（濒危）。
- 区内分布数量超过东亚种群 1% 的鸟类：黑脸琵鹭。

阳江市海陵大堤湿地（柯伟国 摄）

（109）阳江市溪头（Xitou Wetland, Yangjiang）

    编号：GD-18

    选录标准：A1

    面积：4000 hm²

    坐标：111°46′E，21°36′N

    保护状况：未受到保护。

    地区描述：是广东省阳西县辖镇，位于阳西县城东南的南海之滨，距县城 17.5 km。阳江溪头靠近海滨，近岸湿地资源丰富，每年都为大量的迁徙水鸟提供重要的迁徙停歇地和越冬地。

    对鸟类的重要性：

- 区域分布的国际性受胁鸟类：黄嘴白鹭（易危）、大杓鹬（濒危）、大滨鹬（濒危）、勺嘴鹬（极危）、小青脚鹬（濒危）、黑嘴鸥（易危）。

阳江市溪头（柯伟国 摄）

（110）茂名市博贺湾（Bohe Bay, Maoming）

编号：GD-19

选录标准：A1

面积：1900 hm²

坐标：111°18′E，21°27′N

保护状况：未受到保护

地区描述：茂名市博贺湾位于茂名市滨海新区博贺镇北部，属于半封闭类型海湾。湿地类型以滩涂、鱼塘和盐场为主，在迁徙季节有较多的鸻鹬类停留，越冬季节亦有黑脸琵鹭在此越冬。

对鸟类的重要性：

- 区域分布的国际性受胁鸟类：大滨鹬（濒危）、黑脸琵鹭（濒危）。

茂名市博贺湾（柯伟国 摄）

（111）湛江市雷州湾湿地（Leizhou Bay Wetland, Zhanjiang）

编号：GD-20

选录标准：A1、A4i

面积：30 000 hm²

坐标：110°10′E，20°51′N

保护状况：未受到保护

地区描述：雷州湾湿地由雷州南渡河口湿地、东里滨海湿地和东海岛西部沿海滩涂组成。这一区域地势平坦，海岸线弯曲复杂，滨贝类资源丰富，为黑脸琵鹭、大滨鹬、黑嘴鸥、勺嘴鹬等水鸟提供了丰富的食物资源。这里也是我国最为重要的勺嘴鹬越冬栖息地，最高越冬数量超过 40 只。

对鸟类的重要性：

- 区域分布的国际性受胁鸟类：小青脚鹬（濒危）、大滨鹬（濒危）、勺嘴鹬（极危）、黑嘴鸥（易危）、中华凤头燕鸥（极危）、黑脸琵鹭（濒危）、黄嘴白鹭（易危）；

- 区内分布数量超过东亚种群 1% 的鸟类：翘嘴鹬、大滨鹬、勺嘴鹬、黑嘴鸥、红嘴巨燕鸥、中华凤头燕鸥。

翘嘴鹬（蔡挺 摄）

（112）湛江市徐闻外罗港和新寮岛（Wailuo Port & Xinliao Island in Xuwen, Zhanjiang）

编号：GD-21

选录标准：A1、A4i

面积：8000 hm^2

坐标：110°27′E，20°40′N

保护状况：未受到保护

地区描述：湛江市徐闻外罗港和新寮岛位于雷州半岛东部。湿地资源丰富，多为养殖塘，在迁徙季节，常有大群的鸻鹬类在港内停留。

对鸟类的重要性：

- 区域分布的国际性受胁鸟类：大滨鹬（濒危）；
- 区内分布数量超过东亚种群 1% 的鸟类：铁嘴沙鸻、三趾滨鹬、红嘴巨燕鸥。

铁嘴沙鸻（卢国成　摄）

（113）湛江市雷州半岛西海岸滨海湿地群（West Coastal Wetland of Leizhou Peninsula, Zhanjiang）

编号：GD-22

选录标准：A1、A4i

面积：8100 hm²

坐标：109°43′E，20°53′N

保护状况：未受到保护

地区描述：湛江市雷州半岛西海岸滨海湿地群位于雷州半岛西海岸，在多个区域拥有数量庞大的小型栖息地，湿地类型主要以滩涂、盐田和农田为主。迁徙季节，常有大量鸭类、鸻鹬类等水鸟在此停留。

对鸟类的重要性：

- 区域分布的国际性受胁鸟类：小青脚鹬（濒危）、大滨鹬（濒危）、黑嘴鸥（易危）、黑脸琵鹭（濒危）；
- 区内分布数量超过东亚种群 1% 的鸟类：大滨鹬、三趾滨鹬。

三趾滨鹬（郑鼎 摄）

（114）湛江市高桥红树林湿地（Gaoqiao Mangrove Forest, Zhanjiang）

编号：GD-23

选录标准：A1

面积：1000 hm^2

坐标：109°46′E，21°31′N

保护状况：高桥区域红树林是湛江红树林国家级自然保护区的核心区之一。

地区描述：湛江市高桥红树林湿地位于广东与广西交界的北部湾的英罗港内，位于湛江红树林国家级自然保护区核心区内，吸引了多种迁徙水鸟在此越冬，其中包括濒危物种黑脸琵鹭。

对鸟类的重要性：

• 区域分布的国际性受胁鸟类：黑脸琵鹭（濒危）。

黑脸琵鹭（黄秦 摄）

3.10 广西壮族自治区

广西壮族自治区共有水鸟重要栖息地12块，其中北海市4块，防城港市6块，钦州市2块，总面积10 555 hm²（图3.11）。其中有受保护或部分受保护的重要栖息地3块，尚未得到保护的重要栖息地9块（表3.10）。

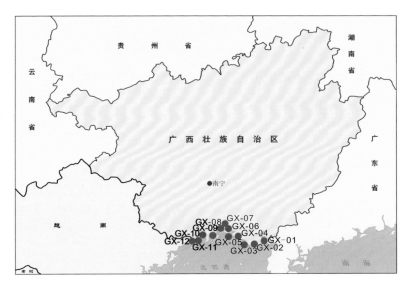

图3.11 广西壮族自治区沿海水鸟重要栖息地分布图

表3.10 广西壮族自治区沿海水鸟重要栖息地概况

编号	名称	面积（hm²）	地块中心坐标	A1	A4i	A4iii	保护状况
GX-01	北海市山口英罗湾	740	109°45′E，21°27′N	✓	✓		●
GX-02	北海市竹林盐场	1167	109°17′E，21°26′N		✓		○
GX-03	北海市冯家江-下村	500	109°09′E，21°23′N	✓	✓		◎
GX-04	北海市西场	2156	109°01′E，21°37′N	✓			○
GX-05	钦州市犀牛脚（包括海尾-中三墩-沙角）	880	108°49′E，21°37′N	✓	✓		○
GX-06	钦州市鹿耳环-麻蓝岛大桥鱼塘	500	108°42′E，21°41′N	✓			○
GX-07	防城港市企沙山心沙岛	223	108°31′E，21°35′N	✓	✓		○
GX-08	防城港市沙螺寮	434	108°32′E，21°38′N	✓	✓		○
GX-09	防城港市白浪滩	90	108°18′E，21°33′N	✓			○
GX-10	防城港市北仑河口国家级自然保护区	3000	108°13′E，21°36′N	✓			●
GX-11	防城港市万尾金滩	230	108°11′E，21°31′N	✓			○
GX-12	防城港市榕树头	635	108°04′E，21°33′N	✓			○

注：●受到保护；◎部分受到保护；○未受到保护

（115）北海市山口英罗湾（Shankou Yingluo Bay, Beihai）

编号：GX-01

选录标准：A1、A4i

面积：740 hm²

坐标：109°45′E，21°27′N

保护状况：位于合浦儒艮保护区和山口红树林保护区交界处，受到保护。

地区描述：北海市山口英罗湾位于广西合浦县，北起英罗湾红树林区域。湿地类型以大面积红树林为主，同时伴有淤泥质滩涂、沙质滩涂、基围鱼塘、盐田等。该区域为大量水鸟提供重要的觅食地。面临的主要威胁包括迁徙季捕鸟网、高压水枪滩涂作业、养殖污水排放等。

对鸟类的重要性：

- 区域分布的国际性受胁鸟类：黑脸琵鹭（濒危）；
- 区内分布数量超过东亚种群 1% 的鸟类：环颈鸻。

环颈鸻（郑鼎 摄）

（116）北海市竹林盐场（Zhulin Saltworks, Beihai）

编号：GX-02

选录标准：A4i

面积：1167 hm^2

坐标：109°17′E，21°26′N

保护状况：未受到保护

地区描述：北海市竹林盐场位于北海市银海区的福成镇。区域内的湿地类型主要以盐场、基围鱼塘为主，丰富的湿地资源是迁徙水鸟重要的高潮停歇地。红树林、滩涂等是水鸟重要的觅食地。面临主要威胁为开发建设、高压水枪滩涂作业。

对鸟类的重要性：

• 区内分布数量超过东亚种群 1% 的鸟类：黑腹滨鹬。

黑腹滨鹬（程立 摄）

（117）北海市冯家江 - 下村（Fengjiajiang-Xiacun, Beihai）

编号：GX-03

选录标准：A1、A4i

面积：500 hm^2

坐标：109°09′E，21°23′N

保护状况：滩涂部分受到广西北海滨海国家湿地公园管理和保护

地区描述：北海市冯家江 - 下村位于北海市银海区，包括小冠沙、中冠沙、大冠沙及北侧基围。主要的湿地类型包括红树林、近海和海岸湿地等典型的湿地生态系统，为迁徙水鸟金斑鸻、青脚鹬等提供重要的越冬地。自 2015 年以来每年至少有 1 只勺嘴鹬越冬的记录。

对鸟类的重要性：

- 区域分布的国际性受胁鸟类：大滨鹬（濒危）、勺嘴鹬（极危）、黑脸琵鹭（濒危）；

- 区内分布数量超过东亚种群 1% 的鸟类：环颈鸻、铁嘴沙鸻、红颈滨鹬。

红颈滨鹬（王建民 摄）

（118）北海市西场（Xichang Wetland, Beihai）

编号：GX-04

选录标准：A1

面积：2156 hm²

坐标：109°01′E，21°37′N

保护状况：未受到保护

地区描述：西场地块位于北海市合浦县，海堤南侧为滩涂、红树林及少量近海基围，海堤北侧为基围，基围养殖以虾、弹涂鱼为主。近年来 GPS 卫星追踪显示，秋冬季会有 1 ～ 2 只全球极危物种勺嘴鹬在此逗留一周至半个月。主要面临威胁包括互花米草、迁徙季张网捕鸟、海鸭养殖、鱼塘养殖排污。

对鸟类的重要性：

• 区域分布的国际性受胁鸟类：勺嘴鹬（极危）、黑嘴鸥（易危）。

勺嘴鹬（程立 摄）

（119）钦州市犀牛脚（包括海尾 - 中三墩 - 沙角）（Xiniujiao Wetland, Qinzhou）

编号：GX-05

选录标准：A1、A4i

面积：880 hm²

坐标：108°49′E，21°37′N

保护状况：未受到保护

地区描述：钦州市犀牛脚（包括海尾 - 中三墩 - 沙角）临近三娘湾风景区，地处犀牛脚镇。区域内尤其是南侧湿地类型丰富，包括滩涂、红树林等，为大量迁徙水鸟提供重要的栖息地，近年来在此区域记录到的鸟类种类和数量有所增加。

对鸟类的重要性：

- 区域分布的国际性受胁鸟类：大杓鹬（濒危）、小青脚鹬（濒危）、大滨鹬（濒危）、勺嘴鹬（极危）、黑嘴鸥（易危）、黑脸琵鹭（濒危）、黄嘴白鹭（易危）；
- 区内分布数量超过东亚种群 1% 的鸟类：黑嘴鸥。

大滨鹬和黑腹滨鹬群（曾娅杰 摄）

（120）钦州市鹿耳环 - 麻蓝岛大桥鱼塘（Daqiao Fish pond, Lu'erhuan-Malandao, Qinzhou）

编号：GX-06

选录标准：A1

面积：500 hm²

坐标：108°42′E，21°41′N

保护状况：未受到保护

地区描述：此地块位于钦州犀牛脚镇，有水鸟聚集区域主要为鹿耳环大桥东南侧基围及滩涂。近年由于钦州市沿海开发建设、基围养殖排污等影响，鸟类种类数量不断减少。

对鸟类的重要性：

• 区域分布的国际性受胁鸟类：黑脸琵鹭（濒危）。

黑脸琵鹭（右侧，黄秦 摄）

（121）防城港市企沙山心沙岛（Shanxinsha Island in Qisha, Fangchenggang）

编号：GX-07

选录标准：A1、A4i

面积：223 hm²

坐标：108°31′E，21°35′N

保护状况：未受到保护

地区描述：防城港市企沙山心沙岛位于广西防城港市企沙镇山新村东南海域。沙岛周围湿地类型以鱼塘、红树林、盐田、农田为主，为迁徙水鸟提供停歇、觅食重要场所。同时，沙岛也是部分水鸟（如环颈鸻）的重要繁殖地。

对鸟类的重要性：

- 区域分布的国际性受胁鸟类：大杓鹬（濒危）、小青脚鹬（濒危）、大滨鹬（濒危）、勺嘴鹬（极危）、黑嘴鸥（易危）、黄嘴白鹭（易危）；
- 区内分布数量超过东亚种群1%的鸟类：环颈鸻、蒙古沙鸻、大滨鹬、三趾滨鹬、黑腹滨鹬。

蒙古沙鸻（蔡挺 摄）

（122）防城港市沙螺寮（Shaluoliao Wetland, Fangchenggang）

编号：GX-08

选录标准：A1、A4i

面积：434 hm²

坐标：108°32′E，21°38′N

保护状况：未受到保护

地区描述：地块位于广西防城港市企沙镇沙螺寮村附近，距离山心沙岛约7 km，鸟种数量、类型相似。高潮位时仅近海堤处小片部分沙滩露出水面，迁徙季潮位不高时会有大批量鸻鹬、鸥等至此停歇、觅食。地块有红树林、礁石滩、沙质滩涂等生境。人为干扰主要为渔船、赶海、游客开车下滩涂。

对鸟类的重要性：

- 区域分布的国际性受胁鸟类：大滨鹬（濒危）、勺嘴鹬（极危）、黑嘴鸥（易危）、三趾鸥（易危）；
- 区内分布数量超过东亚种群1%的鸟类：环颈鸻、蒙古沙鸻。

环颈鸻（卢国成 摄）

（123）防城港市白浪滩（Bailangtan Wetland, Fangchenggang）

编号：GX-09

选录标准：A1

面积：90 hm^2

坐标：108°18′E，21°33′N

保护状况：未受到保护

地区描述：防城港市白浪滩位于防城港市江山半岛的东南部。湿地资源以淤泥质滩涂湿地为主，底栖生物种类多，是全球极危物种勺嘴鹬的重要栖息地。面临的主要威胁为游客干扰、沿海开发建设工程。

对鸟类的重要性：

- 区域分布的国际性受胁鸟类：小青脚鹬（濒危）、大滨鹬（濒危）、勺嘴鹬（极危）、黑嘴鸥（易危）。

大滨鹬（蔡挺 摄）

（124）防城港市北仑河口国家级自然保护区（Beilun Estuary National Nature Reserve, Fangchenggang）

编号：GX-10

选录标准：A1

面积：3000 hm²

坐标：108°13′E，21°36′N

保护状况：1985 年建立县级红树林保护区，1990 年晋升为省级海洋自然保护区，2000 年晋升为国家级自然保护区。

地区描述：防城港市北仑河口国家级自然保护区位于防城港市防城区和东兴市境内。红树林湿地资源丰富，在我国沿海红树林中具有不可替代的重要性，为迁徙水鸟提供重要的食物资源，是候鸟迁徙重要的中转站。

对鸟类的重要性：

- 区域分布的国际性受胁鸟类：青头潜鸭（极危）、大杓鹬（濒危）、小青脚鹬（濒危）、大滨鹬（濒危）、勺嘴鹬（极危）、黑嘴鸥（易危）、遗鸥（易危）、黑脸琵鹭（濒危）、海南鳽（濒危）、黄嘴白鹭（易危）。

海南鳽（黄秦 摄）

（125）防城港市万尾金滩（Wanweijintan Coast, Fangchenggang）

编号：GX-11

选录标准：A1

面积：230 hm^2

坐标：108°11′E，21°31′N

保护状况：未受到保护

地区描述：防城港市万尾金滩位于防城港市东兴市江平镇万尾岛。湿地类型以沙质滩涂为主，伴有部分基围鱼塘，有记录到勺嘴鹬物种。今年由于游客干扰、养殖排污等影响，鸟类数量在不断下降。

对鸟类的重要性：

• 区域分布的国际性受胁鸟类：勺嘴鹬（极危）。

勺嘴鹬（程立 摄）

（126）防城港市榕树头（Rongshutou Coast, Fangchenggang）

编号：GX-12

选录标准：A1

面积：635 hm²

坐标：108°04′E，21°33′N

保护状况：未受到保护

地区描述：防城港市榕树头位于东兴市江平镇竹排江入海口。区域内湿地资源以滩涂和红树林为主，为迁徙水鸟大白鹭、池鹭等提供重要的栖息地。湿地主要面临的威胁包括养殖排污和围填海活动。

对鸟类的重要性：

- 区域分布的国际性受胁鸟类：黑脸琵鹭（濒危）。

黑脸琵鹭（薛琳 摄）

3.11　海南省

海南省沿岸共有水鸟重要栖息地 6 块，其中，海口市 1 块，儋州市 1 块，乐东县 1 块，文昌市 1 块，东方市 1 块，临高县 1 块，总面积 23 914 hm²（图 3.12）。其中受保护或部分受保护的重要栖息地 5 块，尚未得到保护的重要栖息地 1 块（表 3.11）。

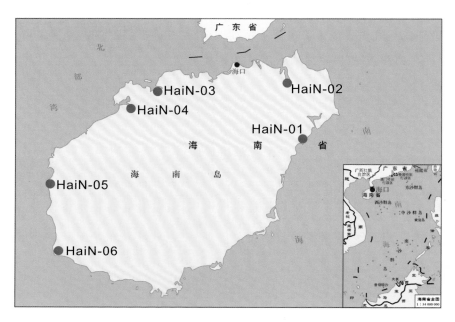

图 3.12　海南省沿海水鸟重要栖息地分布图

表3.11　海南省沿海水鸟重要栖息地概况

编号	名称	面积（hm²）	地块中心坐标	A1	A4i	A4iii	保护状况
HaiN-01	文昌市会文湿地	4500	110°47′E，19°26′N	✓			◎
HaiN-02	海口市东寨港国家级自然保护区	3337	110°36′E，19°55′N	✓			●
HaiN-03	临高县后水湾	5000	109°31′E，19°53′N		✓		◎
HaiN-04	儋州市儋州湾	6048	109°16′E，19°43′N	✓			◎
HaiN-05	东方市黑脸琵鹭省级自然保护区	1429	108°39′E，19°13′N	✓			●
HaiN-06	乐东县莺歌海盐场	3600	108°44′E，18°32′N	✓			○

注：●受到保护；◎部分受到保护；○未受到保护

（127）文昌市会文湿地（**Huiwen Wetland, Wenchang**）

编号：HaiN-01

选录标准：A1

面积：4500 hm^2

坐标：110°47′E，19°26′N

保护状况：文昌市会文湿地被海南清澜省级自然保护区和海南文昌麒麟菜省级自然保护区部分保护。

地区描述：文昌市会文湿地位于海南岛东北海岸。湿地类型复杂多样，涵盖了大部分的湿地类型，包括红树林、海草床、珊瑚礁等，是迁徙水鸟最重要的越冬地之一。

对鸟类的重要性：

• 区域分布的国际性受胁鸟类：大杓鹬（濒危）、小青脚鹬（濒危）、大滨鹬（濒危）、黄嘴白鹭（易危）。

文昌市会文湿地（冯尔辉 摄）

（128）海口市东寨港国家级自然保护区（Dongzhaigang National Nature Reserve, Haikou）

编号：HaiN-02

选录标准：A1

面积：3337 hm²

坐标：110°36′E，19°55′N

保护状况：1980 年建立省级自然保护区，1986 年升级为国家级自然保护区。

地区描述：海口市东寨港国家级自然保护区位于琼山区东北面。区域内湿地资源主要包括红树林，底栖生物资源丰富，为众多迁徙水鸟提供重要的食物资源。

对鸟类的重要性：

• 区域分布的国际性受胁鸟类：大滨鹬（濒危）、黑脸琵鹭（濒危）、黄嘴白鹭（易危）。

黄嘴白鹭（姚广荣 摄）

（129）临高县后水湾（Houshui Bay, Lingao）

编号：HaiN-03

选录标准：A1、A4i

面积：5000 hm²

坐标：109°31′E，19°53′N

保护状况：后水湾西侧为 2006 年成立的儋州新盈红树林国家湿地公园，东侧为临高彩桥红树林县级自然保护区。

地区描述：位于海南省临高县与儋州市临海接壤处。主要生境类型为红树林和泥质滩涂。后水湾是东亚 - 澳大利西亚候鸟迁徙路线上非常重要的候鸟越冬场所，对于濒危物种黑脸琵鹭来说尤其重要。

对鸟类的重要性：

• 区域分布的国际性受胁鸟类：大杓鹬（濒危）、大滨鹬（濒危）、勺嘴鹬（极危）、黑脸琵鹭（濒危）、黄嘴白鹭（易危）；

• 区内分布数量超过东亚种群 1% 的鸟类：黑脸琵鹭。

临高县后水湾（卢刚 摄）

（130）儋州市儋州湾（**Danzhou Bay, Danzhou**）

编号：HaiN-04

选录标准：A1

面积：6048 hm^2

坐标：109°16′E，19°43′N

保护状况：1992 年成立的儋州新英湾红树林市级自然保护区。

地区描述：儋州市儋州湾毗邻北部湾。独特的地理位置造就了丰富的湿地资源，主要包括浅海水域、河口水域、砂石海滩、红树林、海草床、淤泥质海滩、盐田等，为多种迁徙水鸟提供了重要的栖息生境。

对鸟类的重要性：

- 区域分布的国际性受胁鸟类：大滨鹬（濒危）、小青脚鹬（濒危）、勺嘴鹬（极危）、黑嘴鸥（易危）、黑脸琵鹭（濒危）、黄嘴白鹭（易危）。

儋州市儋州湾（卢刚 摄）

（131）东方市黑脸琵鹭省级自然保护区（Dongfang Black-faced Spoonbill Provincial Nature Reserve, Dongfang）

编号：HaiN-05

选录标准：A1、A4i

面积：1429 hm^2

坐标：108°39′E，19°13′N

保护状况：2015 年建立东方黑脸琵鹭省级自然保护区。

地区描述：东方黑脸琵鹭省级自然保护区位于东方市北部，坐落在昌化江出海口处南岸。区内有红树林、泥质滩涂、沙质海滩、盐场、养殖塘等湿地类型，是海南最主要的黑脸琵鹭越冬地。

对鸟类的重要性：

- 区域分布的国际性受胁鸟类：大滨鹬（濒危）、勺嘴鹬（极危）、黑脸琵鹭（濒危）；
- 区内分布数量超过东亚种群 1% 的鸟类：黑脸琵鹭。

东方市黑脸琵鹭省级自然保护区（冯尔辉 摄）

（132）乐东县莺歌海盐场（Yinggehai Saltworks, Ledong）

编号：HaiN-06

选录标准：A1

面积：3600 hm^2

坐标：108°44′E，18°32′N

保护状况：未受到保护

地区描述：乐东县莺歌海盐场位于海南西南角海滨面积很大，为迁徙水鸟大滨鹬等提供重要的栖息地，也是海南岛西南部最重要的水鸟栖息地之一。

对鸟类的重要性：

- 区域分布的国际性受胁鸟类：大滨鹬（濒危）、黑脸琵鹭（濒危）、黄嘴白鹭（易危）。

乐东县莺歌海盐场（卢刚 摄）

结论与建议

4.1　主要结论

结论 1：共确定了中国沿海 132 块水鸟重要栖息地，其中已受保护或部分受保护 77 块，尚有 55 块重要栖息地没有得到保护。

书中共确定了中国沿海 132 块水鸟重要栖息地，总面积达 2 820 498.64 hm^2。已受保护或部分受保护的水鸟重要栖息地 77 块，面积达 1 300 289.83 hm^2，其中 26 块水鸟重要栖息地已建立国家级或省级自然保护区。还有 55 块水鸟重要栖息地尚未得到保护，面积达 1 520 208.81 hm^2，它们主要分布在辽宁省（5 块）、河北省（2 块）、天津市（2 块）、山东省（7 块）、江苏省（2 块）、浙江省（9 块）、福建省（8 块）、广东省（10 块）、广西壮族自治区（9 块）和海南省（1 块）。

结论 2：132 块水鸟重要栖息地支撑着 25 种全球受胁水鸟，其中 14 种水鸟已受国家法律保护，11 种水鸟尚未得到保护。

所确定的 132 块水鸟重要栖息地共支撑着多个全球性受胁物种，如极危物种青头潜鸭（*Aythya baeri*）、勺嘴鹬（*Calidris pygmaea*）、白鹤（*Grus leucogeranus*）、中华凤头燕鸥（*Thalasseus bernsteini*）；濒危物种海南鳽（*Gorsachius magnificus*）、大滨鹬（*Calidris tenuirostris*）、大杓鹬（*Numenius madagascariensis*）、小青脚鹬（*Tringa guttifer*）、黑脸琵鹭（*Platalea minor*）、中华秋沙鸭（*Mergus squamatus*）、丹顶鹤（*Grus japonensis*）、东方白鹳（*Ciconia boyciana*）；易危物种黄嘴白鹭（*Egretta eulophotes*）、红头潜鸭（*Aythya ferina*）、鸿雁（*Anser cygnoides*）、白头鹤（*Grus monacha*）、白枕鹤（*Grus vipio*）、小白额雁（*Anser erythropus*）、花田鸡（*Coturnicops exquisitus*）、黑嘴鸥（*Larus saundersi*）、长尾鸭（*Clangula hyemalis*）、遗鸥（*Larus relictus*）、三趾鸥（(*Rissa tridactyla*）、白腰燕鸥（*Onychoprion aleuticus*）、角䴙䴘（*Podiceps auritus*）等。这些物种中勺嘴鹬、黑嘴鸥、小青脚鹬、黑脸琵鹭、黄嘴白鹭、白鹤、白头鹤、白枕鹤、丹顶鹤、中华秋沙鸭、青头潜鸭、鸿雁、中华凤头燕鸥、花田鸡已被列为国家Ⅰ级或Ⅱ级保护动物，其他物种尚未得到保护。

4.2 主要建议

建议 1：结合中国黄（渤）海候鸟栖息地申报世界自然遗产地契机，进一步弥补水鸟栖息地保护空缺。

2019 年 7 月，中国黄（渤）海候鸟栖息地（第一期）被正式纳入《世界遗产地名录》，而黄（渤）海候鸟栖息地（第二期）将于 2023 年召开的第 47 届世界遗产大会上接受审议。基于此，建议将本报告所确定、而尚未纳入申遗清单的部分沿海水鸟重要栖息地，如辽宁庄河湾、天津汉沽滩涂湿地、天津塘沽滨海滩涂、山东莱州湾、连云港赣榆青口河口和连云港临洪河口湿地等，列入黄（渤）海候鸟栖息地（第二期）拟申报名单中，其总面积达 60 089 hm²。

建议 2：根据报告所确定的 132 块水鸟重要栖息地，结合目前正在开展的自然保护地优化整合工作，强化对现有滨海湿地自然保护地的优化整合。

在中共中央办公厅、国务院办公厅《关于建立以国家公园为主体的自然保护地体系的指导意见》（中共中央办公厅发 [2019]42 号）和自然资源部《关于做好自然保护区范围及功能分区优化调整前期有关工作的函》（自然资源部函 [2020]71 号）等相关文件指导下，依据"保护面积不减少，保护强度不降低，保护属性不改变"的工作理念，根据本报告确定的 132 块重要栖息地，针对一些保护价值高的关键区域，如盐城珍禽国家级自然保护区，可考虑进一步扩增其保护地面积。

建议 3：调动社会公众广泛参与水鸟栖息地保护，动员社会公众力量推动新增自然保护地的落地。

自然保护地的优化整合工作需要政府、非政府组织（NGO）和社会各界共同参与、支持和配合，NGO 在这方面能够发挥巨大作用。例如，针对本报告所确定的 55 个尚未得到任何形式保护的水鸟重要栖息地，NGO 可通过小额赠款方式推动更多的社会公众参与水鸟及栖息地保护工作。让更多人了解对水鸟非常重要的区域目前的生态环境状况，推动本报告所确定的连云港赣榆青口河口、连云港临洪河口等一些具有独特价值、关键的栖息地进一步新建自然保护地，从而得到有效保护。

参 考 文 献

摆万奇 摄

国家林业局. 2015. 中国湿地资源(总卷)[M]. 北京: 中国林业出版社.

Bai QQ, Chen JJ, Chen ZZ, et al. 2015. Identification of coastal wetlands of international importance for waterbirds: a review of China Coastal Waterbird Surveys 2005-2013[J]. Avian Research, 03(06): 1-16.

Barter MM. 2002. Shorebirds of the Yellow Sea: Importance, threats and conservation status[J]. Emu, 104(3): 299.

BirdLife International. 2014a. Country profile: China (mainland)[DB]. Available from: http://www.birdlife.org/datazone/country/china[2019-8-22].

BirdLife International.2014b. ImportantBird and BiodiveristyAreas[DB]. Availablefrom: http://www.birdlife.org/worldwide/programme-additional-info/important bird and biodiversity areas[2019-8-22].

Callaghan CC, MajorRR, Wilshire JJ, et al. 2019. Generalists are the most urban-tolerant of birds: a phylogenetically controlled analysis of ecological and life history traits using a novel continuous measure of bird responses to urbanization[J]. Oikos,128: 845-858.

Chan S, Crosby M, So S, et al. 2009. Directory of important bird areas in China (Mainland): key sites for conservation[M]. BirdLifeInt. Cambridge, U. K.:1-230.

Chan YY, Peng HH, Han YY, et al. 2019. Conserving unprotected important coastal habitats in the Yellow Sea: shorebird occurrence, distribution and food resources at Lianyungang[J]. Global Ecology Conservation, 20: e00724.

Choi CC, Jackson MM, Gallo-Cajiao E, et al. 2018. Biodiversity and China's new Great Wall[J]. DiversityDistribution, 24: 137-143.

Ma ZZ, Melville DD, Liu J, et al. 2014. Rethinking China's newgreat wall[J]. Science, 346(6212): 912-914.

Murray NN, Clemens RR, Phinn SS, et al. 2014. Tracking the rapid loss of tidal wetlands in the Yellow Sea[J]. Frontiers in Ecology & the Environment, 12: 267-272.

Peng HH, Anderson GQQ, Chang Q, et al. 2017. The intertidal wetlands of southern Jiangsu Province, China-globally important for Spoon-billed Sandpipers and other threatened waterbirds, but facing multiple serious threats[J]. Bird Conservation International, 27: 1-18.

Sullivan BB, Aycrigg JJ, Barry JJ. 2014. The eBird enterprise: an integrated approach to development and application of citizen science[J]. Biological Conservation, 169: 31-40.

Xu YY, Si YY, Yin S, et al. 2019. Species-dependent effects of habitat degradation in relation to seasonal distribution of migratory waterfowl in the East Asian-Australasian Flyway[J]. Landscape Ecology, 34: 243-257.

Yang HH, Chen B, Bater M, et al. 2011. Impacts of tidal land reclamation in Bohai bay, China:

ongoing losses of critical Yellow Sea waterbird staging and wintering sites[J]. Bird Conservation International, 21: 241-259.

Zhang LU, Wang X, Zhang JJ, et al. 2017. Formulating a list of sites of waterbird conservation significance to contribute to China's Ecological Protection Red Line[J]. Bird Conservation International, 27: 1-14.